起重机械技术与应用

张国卿　李　萌　王　扬　主编

吉林科学技术出版社

图书在版编目（CIP）数据

起重机械技术与应用 / 张国卿，李萌，王扬主编
.-- 长春：吉林科学技术出版社，2022.12
ISBN 978-7-5744-0131-0

Ⅰ.①起… Ⅱ.①张… ②李… ③王… Ⅲ.①起重机械—操作 Ⅳ.① TH21

中国版本图书馆 CIP 数据核字 (2022) 第 246436 号

起重机械技术与应用

主　　编　张国卿　李　萌　王　扬
出 版 人　宛　霞
责任编辑　李红梅
封面设计　刘梦杳
制　　版　刘梦杳
幅面尺寸　170mm×240mm
开　　本　16
字　　数　310 千字
印　　张　18
印　　数　1-1500 册
版　　次　2023年8月第1版
印　　次　2023年8月第1次印刷

出　　版　吉林科学技术出版社
发　　行　吉林科学技术出版社
地　　址　长春市南关区福祉大路5788号出版大厦A座
邮　　编　130118
发行部电话/传真　0431-81629529　81629530　81629531
　　　　　　　　　81629532　81629533　81629534
储运部电话　0431-86059116
编辑部电话　0431-81629510
印　　刷　廊坊市印艺阁数字科技有限公司

书　　号　ISBN 978-7-5744-0131-0
定　　价　80.00 元

PREFACE
前　言

随着人类生产活动规模的不断扩大，起重机械的应用越来越广泛。由起重作业引起的伤害事故，在国内外工业生产中均占有较大的比例。为进一步提高起重作业人员的技术素质，加强起重作业人员的基础理论水平，减少和防止起重伤害事故，笔者编写了这本供从事起重作业操作人员培训学习用的教材。

本书根据我国现行国家标准的内容和现场操作的实际需要，针对起重机械从设计制造到使用各个环节中涉及人身和设备安全问题，系统介绍了最具典型意义的桥门式起重机、塔式起重机、流动式起重机、门座式起重机等类设备的结构原理、设计制造及安装维修要求、常见故障及排除、常见案例及分析等内容。并重点介绍起重机械零部件、结构原理、操作方法，力求全面、细致和具有可操作性。因此，本书既是起重机械作业人员的必备教材，又是从事起重机械设计、安装、修理、管理人员的参考书。

本书作者团队由河南省特种设备安全检测研究院、中国矿业大学、平顶山装备机械有限公司、国家轻小型起重检验中心等单位有多年工作经验的同志组成。各个章节的主要编写人是：第一章李萌；第二章张国卿；第三章李萌；第四章王扬；第五章王扬；第六章王扬；第七章张国卿；第八章张国卿；第九章王扬；第十章张国卿。

本书在编写过程中得到了中国矿业大学材料工程学院江利教授、电子科技大学资源与环境学院郑泽忠教授和江苏徐州特种设备检验协会理事长孙智教授的大力支持和帮助；本书引用和参考了许多专家、学者和单位的有关资料、论著，在此向他们致以诚挚的谢意！

由于作者水平有限，本书难免有缺点和错误之处，敬请各位读者批评指正。

CONTENTS

目　录

第一章

起重作业基础知识

第一节　起重机械概述

一、简介

起重机是以间歇、重复的工作方式，通过起重吊钩或其他吊具起升、下降，或升降与运移物料的机械设备，又称天车、行车等。起重机械是现代工业生产中不可缺少的设备，被广泛地应用于各种物料的起重、运输、装卸和人员输送等作业中。

二、危险因素

起重机的工作特点是做间歇性运动，即在一个工作循环中，取料、运移、卸载等动作的相应机构是交替工作的。各机构经常处于起动、制动和正反方向运转的工作状态。

综合起重机械的工作特点，从安全技术角度分析，可概括如下：

（1）起重机械通常具有庞大的结构和比较复杂的机构，能完成一个起升运动、一个或几个水平运动。例如，桥式起重机能完成起升、大车运行和小车运行三个运动；门座起重机能完成起升、变幅、回转和大车运行四个运动。作业过程中，常常是几个不同方向的运动同时操作，技术难度较大。

（2）所吊运的重物多种多样，载荷是变化的。有的重物重达几百吨乃至上千吨，有的物体长达几十米，形状很不规则，还有呈散粒、热融状态物品、易燃易爆危险物品等，使吊运过程复杂而危险。

（3）大多数起重机械，需要在较大的范围内运行，有的要装设轨道和车轮（如塔吊、桥吊等），有的要装设轮胎或履带在地面行走（如汽车吊、履带吊等），还有的需要在钢丝绳上行走（如客运、货运架空索道），活动空间较大，一旦造成事故，影响范围也较大。

（4）有些起重机械，需要直接载运人员在导轨、平台或钢丝绳上做升降运动（如电梯、升降平台等），其可靠性直接关系着人身安全。

（5）暴露的、活动的零部件较多，且常与吊运作业人员直接接触（如吊钩、钢丝绳等），潜藏许多偶发的危险因素。

（6）作业环境复杂。从大型钢铁联合企业，到现代化港口、建筑工地、铁路枢纽、旅游胜地，都有起重机械在运行；作业场所常常遇有高温、高压、易燃易爆、输电线路等危险因素，对设备和作业人员形成威胁。

（7）作业中常常需要多人配合，共同进行一个操作，要求指挥、捆扎、驾驶等作业人员配合熟练、动作协调、互相照应，作业人员应有处理现场紧急情况的能力。多个作业人员之间的密切配合，存在较大的难度。

上述诸多危险因素的存在，决定了起重伤害事故较多。根据有关资料统计，我国每年起重伤害事故的因工死亡人数占全部工业企业因工死亡总人数的15%左右。为了保证起重机械的安全运行，国家将它列为特种设备加以特殊管理，许多企业都把管好起重设备作为安全生产工作的关键环节。

三、分类

起重机械按其功能和结构特点，大致可以分为下列四大类。

1.轻小型起重设备

轻小型起重设备的特点是结构新颖、合理、简单、操作使用方便、回转灵活、作业空间大。轻小型起重设备，一般只有一个升降机构，它只能使重物做单一的升降运动。属于这一类的有：千斤顶、滑车、手（气、电）动葫芦、绞车等。电动葫芦常配有运行小车与金属构架以扩大作业范围。它可广泛应用于厂矿、车间的生产线、装配线和机床的上、下工件及仓库、码头等场合的重物吊运。轻小型起重设备由立柱、回转旋臂及环链电动葫芦等组成，立柱下端固定于混凝土基础上，旋臂回转，可根据人们需求进行回转。回转部分分为手动和电动回转（摆线针轮减速剂安装与上托板或者下托板上带动转管旋臂回转）。环链电动葫芦安装在旋臂轨道上，用于起吊重物。

2.桥式起重机

桥式起重机是可沿轨道行走的具有桥梁式结构的起重机，它是横架于车间、仓库和料场上空进行物料吊运的重要起重设备。由于它的两端坐落在高大的水泥柱或者金属支架上，形状似桥，故而得名。其结构特点是可以使挂在吊钩或其他取物装置上的重物在空间实现垂直升降或水平运移。

普通桥式起重机一般由起重小车、桥架运行机构、桥架金属结构组成，起重小车又由起升机构、小车运行机构、桥梁金属机构组成，依靠这些机构的配合动作，可使重物在一定的立方形空间内起升和搬运。

桥式起重机是现代工业生产和起重运输中实现生产过程机械化、自动化的重要工具和设备。所以桥式起重机在室内外工矿企业、钢铁化工、铁路交通、港口码头以及物流周转等部门和场所均得到了广泛运用。

3.臂架式起重机

臂架式起重机的特点与桥式起重机基本相同。

臂架式起重机包括：起升机构、变幅机构、旋转机构。依靠这些机构的配合动作，可使重物在一定的圆柱形空间内起重和搬运。臂架式起重机多装设在车辆上或其他形式的运输（移动）工具上，这样就构成了运行臂架式旋转起重机。如汽车式起重机、轮胎式起重机、塔式起重机、门座式起重机、浮式起重机、铁路起重机等。

4.升降机

升降机的特点是重物或取物装置只能沿导轨升降。升降机虽只有一个升降机构，但在升降机中，还有许多其他附属装置，所以单独构成一类，它包括电梯、货梯、升船机等。

除此以外，起重机还有多种分类方法。例如，按取物装置和用途分类，有吊钩起重机、抓斗起重机、电磁起重机、冶金起重机、堆垛起重机、集装箱起重机和援救起重机等；按运移方式分类，有固定式起重机、运行式起重机、自行式起重机、拖引式起重机、爬升式起重机、便携式起重机、随车起重机等；按驱动方式分类，有支承起重机、悬挂起重机等；按使用场合分类，有车间起重机、机器房起重机、仓库起重机、贮料场起重机、建筑起重机、工程起重机、港口起重机、船厂起重机、坝顶起重机、船上起重机等。

四、发展趋势

随着社会生产力的发展和人民生活水平的提高，起重机械在不断发展和完善。起重机械是物流机械化系统中的重要设备，社会化大生产越发展，人民生活水平越提高，物料搬运和人员的输送量就越大，起重机械的应用范围也就越广泛。根据人类生产和生活的需要，许多具有特殊用途的新型设备不断出现。

简单的起重运输装置的诞生，可以追溯到公元前5000—前4000年的新石器时代末期。那时，我国劳动人民已能利用这些简单装置开凿和搬运巨石，砌成石棺、石台，用以埋葬和纪念死者。公元前2800年，古埃及人在建造金字塔中，曾采用磙子、斜面和杠杆运送石块、石碑等重物。公元前1765—前1760年之间（商朝），我国劳动人民开始使用一种由杠杆、对重和取物装置组成的最简单的起重装置——桔槔来汲水，到了公元前1115—前1079年间，我国劳动人民开始采用辘轳汲水，这是人类最早用人力驱动的绞车（卷扬机），它是现代绞车的雏形。公元前120年以后，国外一些书籍中对起重运输设备陆续有了记载，如公元120年，盖隆的著作中描述了幅度不变和幅度可变的起重机，并记载了自锁式蜗轮传动装置、齿轮、起重卷筒等零部件。公元1490—1550年，阿格里高拉在其著作中对旋转起重机做了描述。1597年，劳利尼在著作中描述了齿条举重器，船舶卸货用的旋转起重机，以及幅度可变的运行式建筑起重机和浚泥船。在里昂那达、达·芬奇等的著作中，对起重机械的构造和主要零部件（自锁式蜗轮传动装置、齿轮、卷筒、离合器等）做了较详尽的描述。1742年，罗蒙诺索夫在著作中介绍了俄国乌拉尔工厂制造并安装使用的矿井升降机和臂架上带有小车的旋转式起重机。1793年，俄国的一位机械师费道尔·包尔土为彼得堡铁路工厂设计了一台起重辘轳式起重机。

进入18世纪，英、法、德、美和匈牙利、意大利等国的机械工业发展较快。特别是1765年，瓦特发明了蒸汽机，蒸汽机的应用大大推进了起重机械的发展。1927年，出现了第一台用蒸汽驱动的固定式旋转起重机。1846年，出现了液力驱动的起重机。

19世纪下半叶，世界上出现了铁路，一些工业比较发达的国家为了满足港口、码头等地吊运物资和其他装备的需要，对起重机械提出了新的要求，以前那些用人力驱动、低效率、固定式的起重机已经达不到要求，取而代之的是轨道式起重机。1869年，美国首先制成了第一台40吨的蒸汽轨道起重机，接着英国科尔斯公司于1879年制成一台3.5吨的轨道式抓斗起重机。

电力驱动装置的出现，同样是起重机发展史上的转折点。1885年制成了第一台电力驱动的旋转起重机，1887年制成了电力驱动的桥式起重机，1889年在码头出现了门座和半门座起重机。1902年和1917年，英国的科尔斯公司分别制成电传动的和内燃机机械传动的轨道式起重机。1916年，美国开始制造硬橡胶实心轮胎的自行式起重机。1918年，德国生产出第一批履带式起重机。1922年，英国开始制造以汽油机为动力的电传动汽车起重机。1937年，英国制成充气轮胎的轮式起重机，行驶速度达15．3km／h，大大提高了工作效率。第二次世界大战之后，各国都将主要精力放在国民经济的发展上，尤其是遭受战争破坏的国家，在恢复和建设中，急需大量起重运输机械，促使起重机械得到了飞速发展。同时，由于机械制造技术的提高，焊接技术的发展，使得起重机的质量、产量大大提高，结构大大改善，品种也越来越丰富。如从1950年英国制造了世界第一台20吨汽车起重机后，20世纪60年代中期，美、英、德等工业发达国家就在起重量上相继突破百吨大关。目前，世界上最大的桥式起重机的起重量为1200吨，最大的门式起重机的起重量为2000吨。桁架臂半拖挂汽车起重机的最大起重量达到1000吨，最大的履带起重机起重量已达3000吨，大型浮式起重机的起重量可达6500吨。由于高性能金属材料的采用和材料加工能力的提高，起重机零部件的性能和寿命也不断提高，整机使用寿命一般规定在10年以上。由于电动机、电气控制技术和液压技术的发展，近年来起重机电力驱动的品质和自动化水平也大为提高。

起重机的发展趋势，将主要体现在如下几个方面：

1.重点产品大型化

起重机的起重量将会越来越大，以满足特殊工程的需要。

2.通用产品轻量化

将广泛采用新材料和采用合理的结构形式以减轻设备自重。采用新的结构形式，主要是在梁、臂的截面形式上下功夫，如汽车起重机吊臂采用八角形截面或带有变形孔的伸缩臂；采用新的计算方法，如有限单元法与结构力学的有机结合，并配合使用电子计算机，精确计算应力值，避免设计中的“肥梁胖柱”；采用新材料，起重机结构件将越来越多地采用高强度钢，零部件逐渐采用塑料，现在滑轮已经采用铸尼龙材料，缓冲器采用了聚氨酯材料，国外还有采用碳纤维强化塑料（比重是钢的1/4，强度是钢的3～5倍）代替起重机部分结构件的趋势。

3.高速化

以满足生产率日益提高的要求。

4.多样化

将向同一设备可使用多种工作装置的要求发展，扩大使用范围。

5.最优化

将普遍采用先进的设计计算方法，并配用电子计算机进行优化设计，以选择合理的结构形式。

6.通用化

力求提高系列产品零部件的通用率。

7.液压化

主要体现在轮式起重机向全液压传动发展。

8.安全化

起重机械的可靠性、安全性和舒适性将成为评价设备的重要指标。

特别是安全性，将作为评价先进性的头等重要指标。例如，在安全防护装置的配备、司机室的合理布置以及减少振动和噪声等方面，都将会作为制造厂家设计原则的一部分。

9.自动化

越来越多地采用微机系统控制和操作遥感控制技术。

五、起重机械的主要参数

起重机械的参数，是表明起重机械工作性能的指标，也是设计机械本身的依据。在起重吊运作业中，这些参数又是选用各类起重设备的依据。

起重机的基本技术参数主要有额定起重量、跨度、轨距、幅度L、起重力矩M、起重倾覆力矩MA、起升高度H、运行速度V、起重机工作级别，等等。

下面来简要介绍一下这些参数。

1.额定起重量

是指起重机能吊起的重物或物料连同可分吊具或属具（如抓斗、电磁吸盘、平衡梁等）质量的总和。对于幅度可变的起重机，如塔式起重机、汽车起重机、门座起重机等臂架型起重机，其额定起重量是随幅度变化的。其名义额定起重量，是指最小幅度时，起重机安全工作条件下允许提升的最大额定起重量，也称最大起重量。为了能表示几个幅度范围的起重量，有时用分数形式来表示，如15／10／7．5即表示额定起重量根据不同的幅度分为15吨、10吨、7.5吨三种。

2.跨度

桥架型起重机运行轨道轴线之间的水平距离称为跨度，用字母S表示（过去常用字母L表示），单位为米（m）。

3.轨距

轨距也称轮距，按下列三种情况定义：

（1）对于小车，为小车轨道中心线之间的距离；

（2）对于铁路起重机，为运行线路两钢轨头部下内侧16mm处的水平距离；

（3）对于臂架型起重机，为轨道中心线或起重机行走轮踏面（或履带）中心线之间的水平距离。

4.幅度L

起重机置于水平场地时，空载吊具垂直中心线至回转中心线之间的水平距离称为幅度L（过去常用字母R表示），单位为m。

幅度有最大幅度和最小幅度之分。当臂架倾角最小或小车离起重机回转中心距离最大时，起重机幅度为最大幅度；反之为最小幅度。

旋转类型的臂架起重机的幅度是指吊具中心线至臂架后轴或其他典型轴线的距离。

5.起重力矩M

起重力矩是指幅度L与其相对应的起吊物品重力G的乘积。

6.起重倾覆力矩MA

起重倾覆力矩，是指起吊物品重力G与其至倾覆线距离A的乘积。

7.起升高度H

起升高度，是指起重机水平停机面或运行轨道至吊具允许最高位置的垂直距离，单位为m。对吊钩或货叉，可算至它们的支承表面。对其他吊具，如抓斗等，应算至它们的最低点（闭合状态）。对于桥式起重机，应是空载置于水平场地上方，从地平面开始测定其起升高度。

8.运行速度V

运动速度也称工作速度，按起重机工作机构的不同分为多种。

（1）起升（下降）速度：是指稳定运动状态下，额定载荷的垂直位移速度（m / min）。

（2）回转速度：是指稳定运动状态下，起重机转动部分的回转角速度（r / rain）。

（3）起重机（大车）运行速度：是指稳定运行状态下，起重机在水平路面或轨道上，带额定载荷的运行速度（m / min）。

（4）小车运行速度：是指稳定运动状态下，小车在水平轨道上带额定载荷行驶的速度（m / min）。

（5）吊重行走速度：是指在坚硬地面，起重机吊额定载荷平稳运行的速度（m / min）。其与起重机运行速度的主要区别是运行的条件不同，在进行轮胎起重机设计时要考虑这一指标。

（6）变幅速度：是指稳定运动状态下，起重机在水平路面上，吊具挂最小额定载荷，幅度从最大值至最小值的平均速度（m/min）。

9.起重机工作级别

起重机工作级别是考虑起重量和时间的利用程度以及工作循环次数的工作特性。它是按起重机利用等级（整个设计寿命期内，总的工作循环次数）和载荷状态划分的。或者说，起重机工作级别是表明起重机工作繁重程度的参数，即表明起重机工作在时间方面的繁忙程度和在吊重方面满载程度的参数。

划分起重机的工作级别是为了对起重机金属结构和机构设计提供合理的基础，也为用户和制造厂家进行协商时提供一个参考范围。起重机载荷状态按名义载荷谱系分为轻、中、重、特重四级；起重机的利用等级分为十级。

起重机工作级别，也就是金属结构的工作级别，按主起升机构确定，分为A1 ~ A8级，若与我国过去规定的起重机工作类型对照，大体上相当于：A1 ~ A3——轻；A4 ~ A5——中；A6 ~ A7——重；A8——特重。

第二节 力学知识

一、力的概念

所谓力，就是物体间的相互机械作用，而这种机械作用使物体的运动状态发生了改变或使物体产生变形。这种物体间的相互机械作用就叫作力。物体间的相互机械作用有两种：即直接作用（如人用手推车）和间接作用（如地心对地球上各种物体的引力作用等）。

1.力的三要素

力的大小、力的方向和力的作用点称为力的三要素。三要素中任何一个改变都将会改变力对物体的作用效果。

2.力的单位

工程上常用单位为公斤力（kgf）、吨力（tf），而国际单位为牛顿（N）。它们之间的关系为：

lkgf=9.8N

ltf=9800N=9.8kN

二、重力和重心

重力和重量在地面附近的物体，都受到地球对它的作用力，其方向垂直向下（指向地心），这种作用力叫作重力。而重力大小则称为该物体的重量。

1.重心

物体的重心，就是物体上各个部分重力的合力作用点。不论怎样放置，物体重心的位置是固定不变的。

在起重作业中，了解和掌握设备（物体）的重心是很重要的。

重心的位置不仅关系到设备（物体）的平衡，而且关系到物体平衡的稳定性。要使起重机械和物体处于平衡位置，必须使其重心处在适当位置。在起重运输设备（物体）的作业中，只有保持物体的稳定性，使物体在起吊、运输过程中不倾斜、不运动、不翻转，才能保证安全作业。如吊点未通过物体重心起吊后将发生翻转，起吊翻转事故是很危险的。见图1–1。

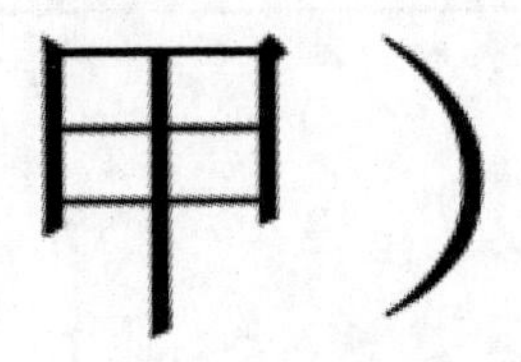

图1–1　吊点未通过物体重心吊后翻转

物体处在平衡位置且不易翻倒和转动的状态，称为物体稳定。面支承设备的平衡是稳定平衡。同一个物体摆放位置不同，其稳定程度是不一样的。比如，一个长方体有三种稳定平衡，长方体与地面接触面越大越稳定。

增加面支承物体平稳程度可以通过增大物体支承面的面积和降低设备的重心来实现。

设备的吊装及建筑物构成一定的稳定度后，可以有利于安全。有些设备底座做得很重，烟囱和塔类设备的底面积做得大一些，都是为了增加自身稳定度，以防倾倒。

2.吊点位置的选择

选择合理的吊点位置，有利于安全操作，吊点位置选择必须遵循以下原则：

采用原设计吊耳吊运各种设备、构件时，一般都要采用原设计的吊耳。

（1）吊点与重心在同一铅垂线上吊运各种设备，若没有吊耳，可在设备两端四个点上捆绑吊索，然后根据设备具体情况，选择合适的吊点，使吊点与重心在同一垂直线上。

（2）重心在两吊点中间水平吊装细长形物体时，两吊点位置应在距重心等距离的两端，重心在两吊点中间，吊力的作用线应通过重心。

吊点在重心上方竖吊物体时，吊点位置应在重心的上方。

起重绳拴在重心的四边，在吊运方形设备时，四根起重绳应拴在重心的四边。

拖运重型设备时的捆绑。在拖运长型大重量设备时，顺长度方向拖拉时捆绑点应在重心的前端。横拉时，两捆绑点位置应在距重心等距离的两端。

按上述原则选择吊点位置，吊运时易于使物体保持平衡状态。

3.物体重心的确定方法

对于具有简单几何形状、材质均匀分布的物体，其物体重心就是该几何体的几何中心。如球形体的重心即为球心；圆形薄板的重心在其中分面的圆心上；三角形薄板的重心在其中分面三条中线的交点上；圆柱体的重心在轴线的中点上；等等。

形状复杂、材质均匀分布的物体，可以把它分解为若干个简单几何体，确定各个部分的重量及其重心位置坐标，然后用下式计算整个物体的重心坐标值：

$$Xc=\Sigma G_iX_i/G$$

$$Yc=\Sigma G_iY_i/G$$

式中Xc——整个物体重心在坐标系中的横坐标；

Yc——整个物体重心在坐标系中的纵坐标；

G_i——某单元物体的重量；

X_i——某单元物体在坐标系中的横坐标；

Y_i——某单元物体在坐标系中的纵坐标；

G——整个物体的总重量。

物体重心的实测法。对于材质不均匀又不规则几何形体的重心，可用悬吊法求得重心位置，如图1-2所示。先选A点为吊点，将物体吊起，得物体重力作用线Ⅰ—Ⅱ，再旋转任一角度选B为吊点，亦把物体吊起，得物体重力线Ⅱ—Ⅱ，Ⅰ—Ⅰ与Ⅱ—Ⅱ两线的交点C，即为整个物体的重心位置。

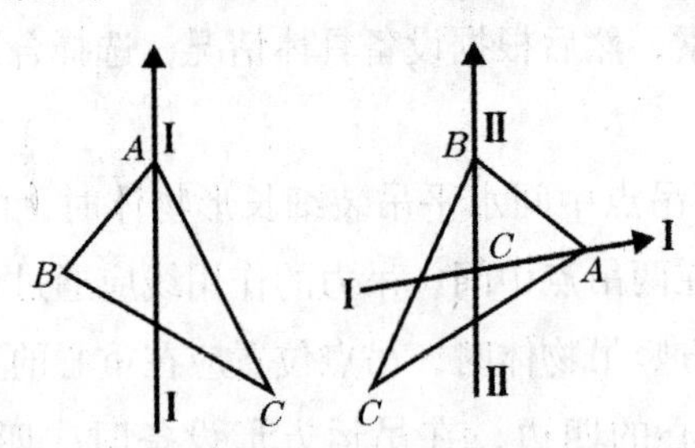

图1-2　物体重心的实测法简图

三、力的合成与分解

1.力的合成

求几个已知力的合力的方法叫作力的合成。

（1）作用在同一直线上力的合成

作用在同一直线上各力的合力，其大小等于各力的代数和，其方向与计算结果的符号方向一致。通常以X坐标轴方向为正（+），反方向为负（–）。

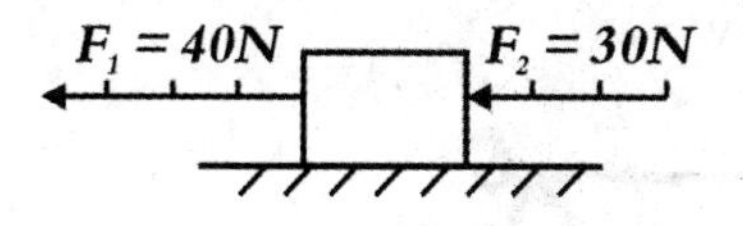

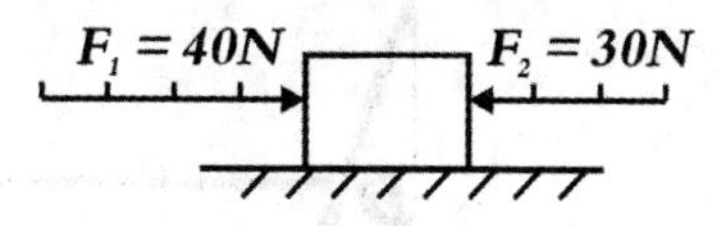

图1–3

例：求图1–3*a*、*b*所示，求F_1F_2之合力R。

图*a*：$R=F_1+F_2=-40+(-30)=-70$（N）

合力R大小为70N，方向指向左方。图*b*：$R=F_1+F_2=40+(-30)=10$（N）

合力R大小为10N，方向指向右方。

（2）两个共点力的合成见图1–4

作用于同一点并互成角度的力称为共点力，其合力可用平行四边形法则计算，见图1–4，也可以用三角函数公式计算。

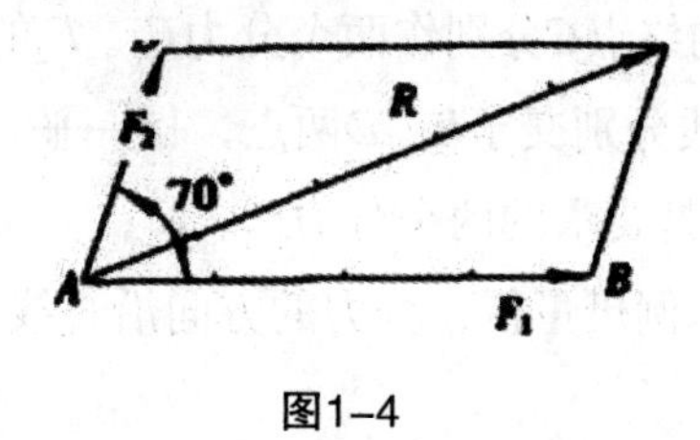

图1–4

2.力的分解

一个已知力（合力）作用在物体上产生的效果可以用两个或两个以上同时作用的力（分力）来代替。由合力求分力的方法叫作力的分解。

例如，分析物体放在斜面的受力时，常将物体的重力分解为沿斜面的下滑力和垂直于斜面的正压力。

力的分解是力的合成的逆运算，同样可以用图解法（平行四边形法则）和三角函数法计算。

（1）图解法

如图1–5，已知合力R、两个分力F_1、F_2的方向，求两个分力的大小。步骤如下：

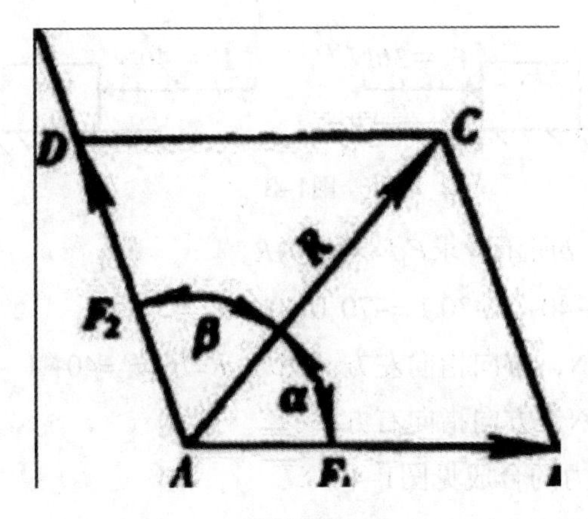

图1–5

通过这个已知力的作用点A沿分力的方向分别作直线A—ⅠA—Ⅱ；

再经过这个已知力的终点C分别作两个分力F_1、F_2的平行线；

与A—Ⅰ、A—Ⅱ直线分别交于B、D两点，得一平行四边形ABCD；

其两邻边AB、AD就是要求的两个分力F_1、F_2；

分力的大小可以用比例尺量得，分力的方向沿直线A—Ⅰ、A—Ⅱ射出。

（2）三角函数法

计算时，也可利用三角函数公式求力的分解。

四、力的平衡条件

在介绍力的平衡条件前先介绍几个概念。

1.力系

同时作用在同一个物体上的几个力称为力系。

2.平面力系

凡是作用线都在同一个平面内的力系，称为平面力系。

3.空间力系

凡是作用线不在同一个平面的力系，称为空间力系。

4.在这两类力系中，作用线交于一点的力系称为汇交力系；作用线任意分布的力系称为一般力系。在两个或两个以上为系的作用下，物体保持静止或做匀速直线运动状态，这种情况叫作力的平衡。

几个力达成平衡的条件是：它们的合力等于零。

五、力矩

力的作用可以改变物体的运动状态，或者使物体发生形变，力还可以使物体发生转动。当用扳手拧螺母时，螺母就绕螺杆转动。力使物体转动，不仅跟力的大小有关，还跟转动轴心到力的作用线的距离即力臂有关。物体转动的效应与力、力臂大小成正比。

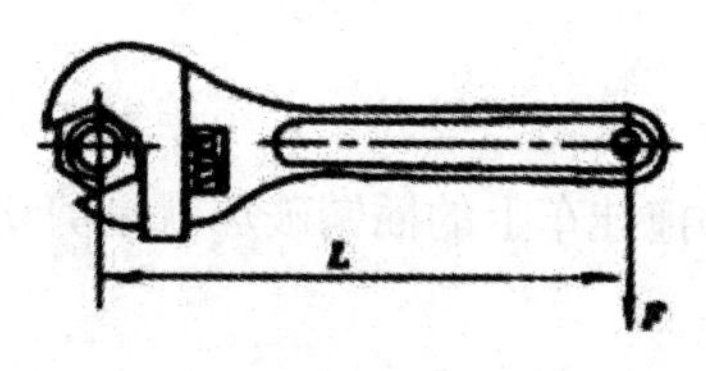

图1–6

如图1–6所示，若作用在扳手的力为F，力臂为L，拧螺母的转动效应的大小可用两者的乘积FL来度量。表示力对物体绕某点的转动作用的量称为力对点之矩，以Mo表示。

力对点之矩Mo为一代数量，它的大小为力F的大小与力臂L的乘积，即$Mo=F \cdot L$，它用正负号表示力矩在平面上的转动方向。一般规定力使物体绕矩心逆时针方向旋转为正，顺时针方向旋转为负。其计算公式为：$Mo(F)=\pm FL$。

力矩的国际单位为牛顿·米，简称牛·米，国际符号N·M。

六、材料的五种基本变形

物体或构件在外力作用下便会发生变形，但外力可通过多种方法作用在物体或构件上，故物体或构件所引起的变形形式也各不相同，起重作业人员应了解材料的五种基本变形。

1.拉伸

构件在两端受拉力状态中产生变形，叫拉伸，构件两端受的力叫拉力。如钢丝绳起吊重物后，绳上的力便是拉力，拉力可导致钢丝绳被破坏。

2.压缩

构件两端受力被压扁（短）产生变形，叫压缩，所受的力叫作压力。如千斤顶的螺杆是受到压缩的典型例子。

3.弯曲

两端有支点的构件，在其上受力的作用所产生的弯曲变形叫弯曲，所受的力为弯力。

如桥式起重机的大梁，在起吊重物后就产生弯曲，大梁产生的弯曲程度是用挠度来表示的，挠度越大，说明弯曲越严重，起重机越不安全。

4.剪切

构件受垂直于轴线的一对相邻很近、大小相等、方向相反的力的作用，构件所发生的变形叫剪切。如拖挂车上的插销破坏就是剪切变形。

5.扭转

构件受绕轴线的一对力偶矩作用所发生的变形，叫扭转。如汽车方向盘轴上所受的力。

材料的力学性质告诉我们，材料的材质不同，破坏它所需的力也是不一样的。低碳钢在拉断时有很大的伸长，我们把在显著变形下才破坏的材料叫作塑性材料，比如合金钢、黄铜等。相反，有些材料在很小变形下就被破坏了，比如铸铁、混凝土、砖头等，这类材料就叫脆性材料。脆性材料不能承受很大的拉力，但是它可以承受很大的压力。故在吊拉脆性材料时不能高速起吊，以防材料破坏发生事故，必须采取可靠的安全措施。

七、载荷

外力在工程力学上叫载荷，它是指作用在我们所要研究的设备或构件上的力。外力能使物体变形或破坏，如当严重超负荷起吊时，发生钢丝绳拉断，天车大梁弯曲等，这都是外力（重力）使物体产生变形或破坏的结果。

载荷一般有静载荷、动载荷及风载荷等。

1.静载荷

恒定地作用在物体上的大小和位置不变的各种载荷，称为静载荷。静载荷太大时，也会将物体破坏。

2.动载荷

任何能使构件产生应力变化的载荷叫动载荷。动载荷有冲击载荷、突加载荷、重复载荷等。起重机本身运动能引起动载荷。

3.风载荷

由于风力作用使物体产生的载荷叫风载荷。风载荷有破坏作用，没有防风夹轨钳或铁鞋的露天起重机能被风吹倒而发生事故。

静、动载荷比较，动载荷的危害性较大，因为构件和物体在动载荷作用下的应力和变形要比在静载荷下的应力和变形大得多。

第三节　物体质量的计算

物体的质量是由物体的体积和它本身的材料比重所决定的。为了正确地计算物体的质量，必须掌握常用的计算单位、物体体积的计算方法和各种材料比重等有关资料。

一、度量衡

起重工常用的计算单位有长度、面积、体积、容量、质量等，即人们常说的“度量衡”。见表1–1。

关于“度量衡”常用单位代号介绍如下：

千米（公里）	km	立方米	m^3
米	m	立方厘米	cm^3
厘米	cm	立方毫米	mm^3
毫米	mm	吨	t
		千克（公斤）	kg
		克	g
		千牛	kN

注：1kN=100kgf。

表1-1　度量衡单位一览表

类别	长度	面积	体积、容量	重量
公制	1公里=1000米 1米=10分米 1分米=10厘米 1厘米=10毫米	1平方米=100平方分米 1平方分米=100平方厘米 1平方厘米=100平方毫米	1立方米=1000立方分米 1立方分米=1000立方厘米 1立方厘米=1000立方毫米 1立方米=1000升 1升=1000立方厘米 1立方厘米=1毫升	1吨=1000公斤 1公斤=1000克 1克=1000毫克
中国市制	1里=70丈 1丈=10尺 1尺=10寸 1寸=10分 1分=10厘			1担=100斤 1斤=10两 1两=10钱
英美制	1英尺=12英寸 1英寸=8英分	1平方英尺=144平方英寸 1平方英寸=64平方英分		

二、长度的量度

工程上常用的长度基本单位是毫米（mm）、厘米（cm）和米（m）。它们之间的换算关系是：lm=100cm=1000mm

三、面积的计算

物体体积的大小与它本身横截面积的大小成正比。各种规则几何图形的面积计算公式详见表1-2。

表1-2　平面几何图形面积计算公式表

名称	正方形	长方形	平行四边形	三角形
面积计算公式	$S=a^2$	S=ab	S=ah	S=1/2ah
名称	圆形	圆环形	扇形	几何图形
面积计算公式	S=πd/4 d—圆直径 R—圆半径	S=π[（R−r）×（R+r）]=π（D−d）d d、D—分别为圆的内、外直径 r、R—分别为圆环内、外半径	$S=\pi R^2\alpha/360$ α—圆心角（度）	

四、物体体积的计算

物体的体积大体可分两类：即具有标准几何形体的和由若干规则几何体组成的复杂形体两种。对于简单规则的几何形体的体积计算可直接由表1–3（见上页）中的计算公式查取；对于复杂的物体体积，可将其分解成数个规则的或近似的几何形体，查表1–3按相应计算公式计算并求其体积的总和。

表1–3 各种几何形体体积计算公式表

名称 图形及公式	立方体	长方体	圆柱体	空心圆柱体	斜截正圆柱体
几何图体形	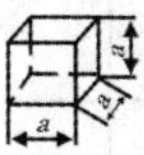	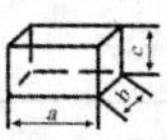	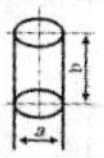	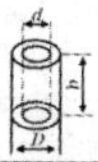	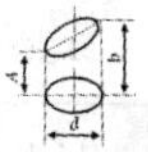
体积计算公式	$V=a^3$	$V=abc$	$R=\frac{\pi}{4}d^2h$ 或$=\pi R^2h$ R—为半径	$V=\frac{\pi}{4}(L^2-d^2)h$ 或$=\pi(R^2-r^2)h$ r、R—为内、外半径	$V=\frac{\pi}{4}d^2\frac{(h_1+h)}{2}$ $=\pi R^2\frac{(h_1+h)}{2}$ R—为半径
名称 图形及公式	球　体	圆锥体	任意三棱体	截头方锥体	正六角棱柱体
几何体图形	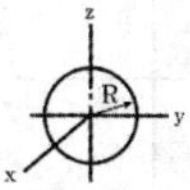	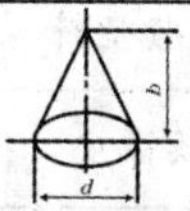	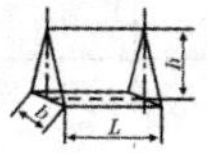	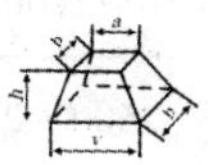	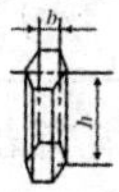
体积计算公式	$V=\frac{4}{3}\pi R^2$ $=\frac{1}{6}\pi d^2$ R—球的半径 d—球的直径	$V=\frac{1}{12}\pi d^2h$ $=\frac{\pi}{3}R^2h$ R—底圆半径 d—底圆直径	$V=\frac{1}{2}bhL$	$V=\frac{h}{6}$ $\times[(2a+a_1)b+$ $+(2a_1+a)b_1]$	$V=2.598b^2h$ $2.6b^2h$

五、质量计算

在起重吊运过程中，应预先较准确地掌握设备（物体）的质量，以便正确地选择起吊与搬运方法，考虑现场所用机具和起重设备负荷量的大小，达到安全起吊搬运的目的。

设备（物体）质量=设备（物体）体积×设备（物体）密度

密度——单位体积内所含质量。密度的单位是g/mm^3，一般在计算设备或物体质量时，密度单位是t/m^3。常用材料每立方米质量见表1–4。

表1-4　一般常用材料每立方米质量一览表

名称	质量（kg）	名称	质量（kg）
铸铁	7250	耐火砖	2200
钢	7850	黏土砖	1600～1000
黄铜	8550	石灰砂浆	1700
铝	2640	水泥砂浆	1800
铅	11350	混凝土	2300～2500
红松	440	煤块	800～950
杉木	387	煤油	720～800
黏土	1600	玻璃	2560
砂土	1600	水（4℃）	1000
细砂	1400	泡沫塑料	100～200
粗砂	1700	一般塑料	2100～2300
花岗岩	2500～2700	软橡皮	930
石灰岩	1000～2400		
碎石子	1400～1500		

有些复杂设备的质量一般都可以在设备说明书中查出，设备各零部件的质量在说明书中一般也有说明，预先知道零部件和设备的质量，起重运输作业中就能做到心中有数。

（例题）有一铸件，其各部尺寸如图1-7，求其质量。

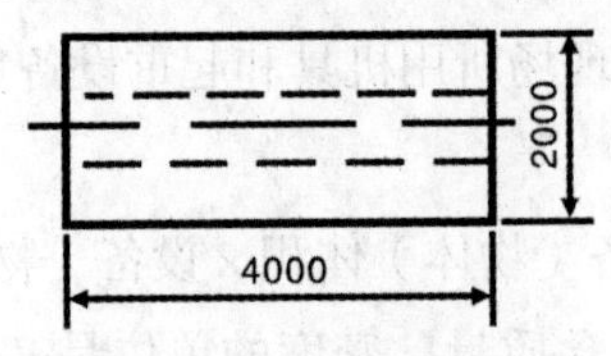

图1-7　铸铁件尺寸

［解］

$V=Vi-V_2$，$Vi=2\times2\times4=16$（m^3）

V_2=^xO.2^2x4=0.13（m^3）

$V=Vj-V_2=16-0.13=15.87$（m^3）

从表1-4中查出铸铁比重为7.25Vm^3，该铸件质量W为：

W=15.87^7.25=115.0575（t）

有些铸件形状比较复杂、不规则，可把这种铸件分割成几个简单形体后再计算质量。某厂1979年因把一件18吨的铸件误认为13吨，超负荷起吊时便发生了钢丝绳拉断事故，在这种情况下若对铸件质量进行计算并采取相应安全措施，就不至于使这种恶性事故发生。

第四节　液压传动基础知识

液压传动是现代流动式起重机广泛采用的传动方式。它通过液压泵将内燃机的机械能转变成液压油的液压能，在各种液压控制元件的控制下，将液压能传递给各机构的液压执行元件（液压马达、液压缸），还原成机械能。

液压传动方式的主要优点是：

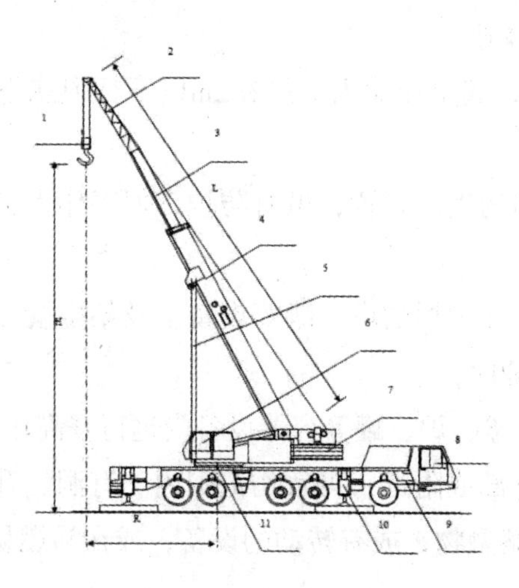

（1）元件尺寸小、重量轻、结构紧凑；

（2）调速范围大，且可无级变速；

（3）运动件惯性小，能够频繁迅速换向；

（4）传动工作平稳，系统容易实现缓冲吸振，并能自动防止过载；

（5）操作方便，易于实现自动化控制；

（6）原件已基本上系列化、通用化和标准化，所以质量稳定，成本下降。

液压传动也有其自身的缺点：

①传动效率低；②制造安装不当还会发生泄漏；③环境温度对其传动效果影响较大；④系统出现故障不易处理；等等。

第五节　高处作业

一、高处作业的定义

凡在坠落高度基准面2m以上（含2m）有可能坠落的高处操作，均称为高处作业。

对于虽在2m以下，但在作业地段坡度大于45° 的斜坡下面或附近有可致伤害因素，亦视为高处作业。

在起重作业现场，起重作业人员虽在2m以下，但属下列情况之一时，应视为高处作业：

（1）凡是框架结构生产装置，虽有防护，但工作人员进行经常性作业时，有可能发生意外的；

（2）在无平台、无护栏的塔、罐等设备上及架空管道、汽车、铁路槽车、特种集装箱上进行作业时；

（3）在高大塔、釜、炉、罐等容器设备内进行登高作业时；

（4）作业地点下部或附近（可致伤范围内）有洞、升降吊装口、坑、井、排液沟、液体贮池、熔融物，或有转动的设备，或在易燃易爆、易中毒区域等部位登高作业。

二、高处作业分级

根据国家高处作业分级标准（GB/T3609-93），高处作业分为四级，具体划分如下：

一级高处作业：2~5m

二级高处作业：5~15m

三级高处作业：15~30m

特级高处作业：30m以上

三、高处作业安全要求

起重作业人员在高处作业必须遵守下列安全要求：

（1）必须办理“高处作业许可证”（或危险作业申请表），严格履行审批手续，审批人员应赴现场认真检查，落实安全措施，方可批准；

（2）凡属二级以上化工工况高处作业，应由承担施工任务单位制定登高作业施工方案及周密的安全措施，高处作业的安全措施必须详细写在许可证上；

（3）高处作业的安全带应符合GB/T3609-93标准，安全帽必须戴好，系好颈带；

（4）在吊篮里作业时，应事先对吊篮拉绳进行检查，作业人员要系好安全带，并且要拴挂在主绳的扣件上，有专人监护；

（5）坑、井、沟、池、吊装孔等都必须有栏杆防护或用盖板盖严；

（6）登石棉瓦，必须有坚固、防滑的脚手架；

（7）起重高处作业与其他作业交叉进行时，必须按指定的路线上下，遵守有关安全作业的各项规定。一般不准上下垂直作业。因工作需要上下垂直作业时，必须设专用防护棚或其他隔离措施。

（8）不准在高处抛掷材料、工具或工件，工作结束应将高处坠落物件清理收拾好；

（9）作业中因施工条件或环境发生重大变化，应重新办理高处作业许可证或危险作业申请表。因发生事故，紧急处理故障要进行登高作业来不及办证时，须经领导同意，采取安全措施后方可登高。

第六节　安全用电

一、电气安全的一般常识

1.人体电阻

人体也能导电，人体电阻值约为1.9~3.8千欧姆（kΩ）。

影响人体电阻的因素很多，除皮肤厚薄的影响外，皮肤潮湿、多汗、有损伤或带有导电性粉尘等，都会降低人体电阻；接触面积加大、接触压力增加也会降低人体电阻。通电电流加大，通电时间加长，会增加发热出汗，也会降低人体电阻。

2.电流对人体的伤害类型

电伤是指电流的热效应、化学效应或机械效应对人体造成的危害。

电击是指电流通过人体内部，破坏人的心脏、肺部以及神经系统的正常工作，危及人的生命。

按照人体触及带电体的方式和电流通过人体的途径，触电可以分为单相触电、两相触电、跨步电压触电三种情况。两相触电的危险性是比较大的。

3.电流对人体的伤害程度

与电流大小、通电时间、电流途径、电流种类、电流频率、人体状况等因素有关。从左手到胸部是最危险的电流途径，电流通过人体的持续时间越长，救护的可能性则越小。

4.安全电压

安全电压为防止触电事故发生而采用的特定电源供电的电压系列。我国规定安全电压额定值的等级为：42V、36V、24V、12V和6V。

5.跨步电压

当带电体接地有电流流入地下时，电流在接地点周围土壤中产生的电压降低。人在接地点周围，两脚之间出现的电压称为跨步电压。

6.安全距离

在干燥、无导电气体和尘垢的环境下，进行电器检查和维修时应与带电体保持的最小距离称为安全距离，其值为0.35m。

7.保护接地

把在故障情况下，可能出现危险的对地电压的金属部分，同大地紧密连接起来，其接地电阻值不得大于4Ω。

8.保护接零

把电气设备在正常情况下不带电的金属部分与电网的零线紧密连接起来。保护接零是在中性点直接接地的电压为380V/220V的三相四线制配电系统中经常采用的防止意外事故的安全措施。

二、安全用电要求

起重作业人员在进行设备操作、维护保养、工程安装时，必须实现安全用电。

（1）严格遵守各种电气设备安全操作规程和有关电气设备安全管理规定，切实做好防止突然断、送电的各项安全措施。

（2）无电工作业证的起重作业人员，不准随意拆装、安装、检修电气设备或装置。

（3）在邻近带电部分进行起重操作时，必须保持可靠的安全距离。

（4）对已出现故障的电气设备、装置和线路必须及时进行检修，不可继续勉强使用。

（5）电气设备运行时，必须严格按规程进行。切断电源时，应先切断负荷开关，然后再断开隔离开关；合上电源时，应先合上隔离开关，然后再合上负荷开关。

（6）使用金属外壳的电气设备，必须进行可靠的保护接地。凡有被雷击可能的电气设备，要设避雷装置。

（7）要防止电气绝缘部分损坏和受潮，以免发生人身触电事故。不可用潮湿的手去触及开关、插座、灯座等电气装置。更不可用湿布去擦抹电气装置和用电器具。

（8）不准在输电线路上悬挂物体，铁丝不准和输电线绑扎在一起，也不准用金属丝绑扎电源线，避免输电线与其他金属物接触。

（9）起吊、搬运鼓风机、电焊机、电风镐、电钻、电风扇等移动式电器时，必须先切断电流，不可通过拖拉电源引线来移动带电电器。

（10）在潮湿环境中使用移动式电器时，一定要采用安全电压，或采用1：1隔离变压器。

（11）雷雨天气进行作业时，不可走近高压电杆、铁塔、烟囱和避雷针接地导线周围。作业人员和起重设备之间的有效距离要在10m以上，防止误入雷电入地时跨步电压危险区域。

（12）当有架空线拉断落到地面时，人不准靠近，10m范围内为危险区。万一在起重作业人员身边断落架空线或人已进入具有跨步电压的区域内，要立即提起一脚或并拢双脚，做雀跃式跳出10m之外，严禁双脚跨步奔跑。

（13）堆放物体、搬移物资，要与带电的设备或输电线保持一定的安全距离。

（14）对各种电气设备要定期进行检查，发现破损、老化现象，要及时修理和更换，不得凑合使用。

（15）施工现场的用电线路和电气器具的敷设方法和高度，要符合安全操作的规定。不准将电线、开关等放在地面，以防发生事故。

（16）现场使用的电气设备，必要时应设置安全警示牌，防止作业人员误操作。

（17）发现有人触电，要立即采取正确的抢救措施。必要时，要立即切断事故现场区域电源。

三、起重机电气防火

起重机发生电气火灾的原因很多，主要是由于电气设备的安装和日常维护不善，电气设备在运行中超过额定负荷，发生线路短路、过热和打火花造成。因此，在司机室内必须配置符合规定的消防器材，并应配备救生安全绳。

（一）起重机发生火灾的主要原因

1.设备发热

引起电气设备发热的主要原因有以下四方面。

短路：发生短路故障时，电流增加为正常时的几倍甚至几十倍，而产生的热量又与电流的平方成正比。如果温度达到可燃物的燃点时，就会造成火灾。

过载：过载也会引起设备发热。造成过载有以下三种情况：一是设计选用线路和设备不合理，导致在额定负载下出现过热；二是使用不合理，起重机长时间超负荷运行，造成线路或设备过热；三是故障运行，如三相电源缺一相。

接触不良：各种接触器没有足够压力或接触面不平，均会导致触头过热。

散热不良：电阻器安装不合理或使用时损坏、变形，热量积蓄过高。

2.起重机周围存有可燃物

起重机上的电气线路、开关柜、熔断器、插销、照明器具、电动机、电加热设施等电气设备接触或接近可燃物，极易发生火灾。润滑系统缺油，也可导致火灾。

起重机司机、登机检修人员吸剩的烟头和随地抛掷的火柴棍也容易造成火灾。

在起重机或厂房、屋架、天窗等处进行维修，使用电气焊产生的火花溅落在起重机上而发生火灾。

冶炼、铸造等热加工时熔化的金属喷溅在起重机上，也是发生火灾的原因之一。

（二）电气火灾正确的灭火方法

电气火灾发生后，电气设备可能因绝缘损坏而碰壳短路，电气线路也可能因断落而接地短路，使通常不带电的金属构架和地面带电。因此，火灾发生后首先要切断电源。无法切断电源时，则要合理使用消防器材，防止触电事故发生。

（1）起重机电气火灾多发生在司机室内、小车拖缆线、控制屏等处，扑救时要使用1211、干粉或二氧化碳等不导电的灭火器材，并保持一定的安全距离。

（2）电气火灾最常用、最有效的器材是1211和干粉灭火器，正确的使用方法是：

1211手提式灭火器：使用前首先拔掉安全销，一只手紧握压把，将喷嘴对准火源根部，向火源边缘左右扫射，并迅速向前推进。操作时禁止将灭火器水平或颠倒使用。

外装式干粉灭火器：使用时一只手握住，另一只手向上拉起提环，握住提柄，将灭火器上、下颠倒数次，使干粉预先松动，喷嘴对准火焰根部进行灭火。

四、触电急救和人工呼吸

发生在起重机上的触电事故种类很多，如果发现有人触电，切不可惊慌失措，首先要尽快地使触电者脱离电源，然后根据触电者的具体情况进行相应的救治。

（一）迅速脱离电源的几种方法

当发现有人在低压设备线路触电时，救护人不能用手或金属物品接触触电人，而应视现场情况采取可靠方法救护，以免使救护人受到伤害。

1.拉闸断电

如触电地点附近有电源开关或插销，应立即打开开关或插销，切断触电电源。如触电地点距电源较远，可用绝缘钳或木柄利器（如斧头、木柄刀具等）将电源线切断，此时应防止切断后的带电部分电源线短路而造成其他事故发生。

2.使用绝缘物品使触电人脱离电源

当没有条件采用上述方法切断电源时，可用干燥的木棒、绳索、手套、衣服等物挑开电源线，或将触电人拖（拉）离触电电源。

3.因电容器或电缆触电

当触电人是在电容器或电缆部位触电，应先切断电源，并且采取放电措施后，方可对触电人施救。

4.解救触电者时

要注意做好各种防护，避免其再受到摔伤或其他伤害。

5.如触电事故发生在晚上或夜间时

切断电源时应注意现场照明，以免影响抢救工作顺利进行。

（二）合理确定施救方法

触电者脱离电源后，会出现神经麻痹、呼吸中断、心搏骤停等症状，呈现“假死”状态。此时，应分清情况，迅速进行抢救。

（1）触电人神志清醒，但心慌、四肢麻木、全身无力，或者在触电过程中曾出现昏迷，但已清醒，应使触电人安静休息，不要走动，严密观察，并请医生前来诊治或送医院。

（2）触电人已失去知觉，但有呼吸，心脏仍在跳动，应将其安放在空气流通处，舒适、安静地平躺，解开腰带、衣扣以利呼吸。如天气寒冷，应做好防冻，注意保温。同时迅速请医生到现场诊治。

（3）触电人已失去知觉，呼吸困难，应立即在现场进行人口呼吸急救。

（4）触电人呼吸或心脏跳动完全停止，应立即在现场施行人工呼吸和胸外心脏挤压法急救。应当注意，急救必须尽快并且不间断地进行，即使在送往医院的途中也不能中止。

（三）对触电者急救时应注意的问题

（1）施行人工呼吸前，应解开触电者的衣扣、腰带等，以免妨碍呼吸。同时应取出其口中的假牙、食物、黏痰等妨碍呼吸的物品，以防止呼吸道堵塞。

（2）根据触电者的身体特点采用适当的急救方法，如对孕妇和年老体弱者宜用仰卧牵臂或口对口吹气法。

（3）抢救时应保持触电人的体温，不要使其直接躺卧在冰冷潮湿的地面施救。

（4）人工呼吸应不间断地连贯进行，换人施救时节奏要一致。被救人有微弱呼吸时要继续进行，直到呼吸正常为止。

（5）急救时禁止使用肾上腺素等强心剂。对触电时发生的不危及生命的轻度外伤，可在触电急救后处理。如有严重外伤，应与人工呼吸同时处理。

（四）人工呼吸急救方法

人工呼吸急救方法是用施救人工的力量，促使被救人肺部膨胀和收缩，达到呼吸目的的方法。常用的方法有四种，即俯卧压背法、仰卧牵臂法、口对口（鼻）吹气法和胸外心脏挤压法。

1.俯卧压背法

触电人背向上俯卧，一只手臂弯曲枕在头下，另一只手臂沿头一侧向上平伸。救护人面向被救人头部，两腿骑跨在被救人臂部两侧，两手五指并拢，两手掌分别压在被救人后背下部两侧、小手指与最下一根肋骨相触的位置上。施救时，救护人身体向前方倾斜，以身体重量通过两掌下压形成被救人肺部压缩而呼气，然后救护人身体后仰，手掌放松（但不要离开身体），使被救人肺部放松形成吸气。如此反复进行，频率每分钟18次左右。操作方法如图1-8所示。

图1-8　俯卧压背法

触电人面朝上仰卧，肩胛下垫软柔物品，使其头后仰，清除口中异物，拉出舌头。救护人在他的头前跪立，两手分别握住被救人的两手腕部。施救时，先牵其两臂弯曲压在自身前胸两侧，肺部收缩，形成呼气；然后再将其两手牵直向上拉至头部两侧，肺部放松形成吸气。反复进行，频率每分钟18次左右。操作方法如图1-9所示。

图1-9　俯卧牵　背法

2.口对口（鼻）呼吸法

进行口对口（鼻）人工呼吸急救时，应使触电人仰卧，并使其头部后仰，颈部伸直，鼻孔朝上，以利于呼吸畅通。操作步骤如下：

（1）救护人一只手捏紧被救人的鼻孔，用另一只手的拇指和食指掰开他的嘴（如掰不开可采用口对鼻吹气的方法），然后深吸一口气后，用嘴紧贴被救人的口（鼻）向内吹气，时间约2秒，使其胸部膨胀。如图1-10所示。

（2）吹气完毕，立即离开被救人的口（鼻），放松捏紧的鼻孔，使其自然呼气，时间约3秒。如图1-11所示。重复（1）、（2）两步骤，反复进行。呼吸频率视对象而定，一般成人16~20次/分，儿童18 ~ 24次/分，婴儿30 ~ 40次/分。

如触电人是儿童或体弱者，吹气时用力要适度。

图1-10口对口人工呼吸吹气法

图1-11口对口人工呼吸换气法

上述抢救方法效果较好，可与心脏挤压法配合使用，抢救呼吸和心脏跳动都已停止的触电人。

3.胸外心脏挤压法

胸外心脏挤压法是触电人心脏跳动停止后的急救方法。在触电引起心脏停止跳动的事故中，触电人常表现为心室纤维性颤动，如抢救及时、方法正确，有可能恢复触电人的心脏跳动。

采用胸外心脏挤压法时，应使触电人仰卧在硬质地面，姿势与口对口（鼻）吹气法相同。操作方法如下：

（1）救护人跪在被救人一侧，双手相叠，手掌根部放在被救人心窝上方、胸骨下1/3~1/2处，如图1-12所示。掌根用力垂直向下挤压，挤出心脏里面的血液。对成人应压陷3~4cm，每分钟挤压60次左右为宜。如图1-13所示。

图1-12胸外心脏挤压法的正确压区

图1-13胸外心脏挤压法（挤压）

（2）挤压后手掌根突然放松，让被救人胸部自动复原，血液充满心脏，放松时，手掌不需完全离开胸部。

（3）在进行胸外心脏挤压时，应注意手掌挤压位置要准确，用力要适度，不得过猛。触电人如系儿童，可用一只手挤压，用力要轻，以免损伤肋骨，每分钟挤压80~100次。

（4）应当指出，心脏跳动和呼吸是互相联系的。一旦呼吸和心脏跳动都停止，应同时进行口对口（鼻）人工呼吸和胸外心脏挤压法抢救。

第七节　安全标志

安全标志是一种形象的安全信息语言，它能及时引起人们对物体或危险环境的注意。起重工在作业中经常会遇到起重运输的物件或设备的包装箱上涂有各种图形，如一把雨伞、一个向上的箭头、一只玻璃杯等，这些图形就是起重运输的安全标志。在包装箱上涂安全标志的目的是保护物件或设备，提醒或警告起重作业人员必须采取相应的安全措施，避免在作业过程中发生设备或人身事故。起重工必须熟悉与起重作业有关的各种安全标志。与起重工有关的安全标志如下：

1.重心点标志

它表示物件或设备的重心位置。起重作业时，应使吊钩的垂线通过重心，保持物件或设备的平稳，勿使其倾斜。重心点标志如图1–14所示。

图1–14　重心点标志

2.堆码极限标志

它表示物件在重叠堆放时的极限高度。堆码极限标志如图1–15所示。

图1–15　堆码极限标志

3.禁用手钩标志

它表示在物件的起重运输过程中，禁止用吊钩或其他铁钩直接钩住物件。禁用手钩标志如图1–16所示。

图1–16　禁用手钩标志

4.怕热标志

它表示物品怕热。因此，在搬运及堆放时应注意，避免使物品受热而引起物品的损坏或发生事故。怕热标志如图1–17所示。

图1–17　怕热标志

5.温度极限标志

它表示某种物品在运动及堆放时，其最高温度不能超过此规定极限。温度极限标志如图1–18所示。

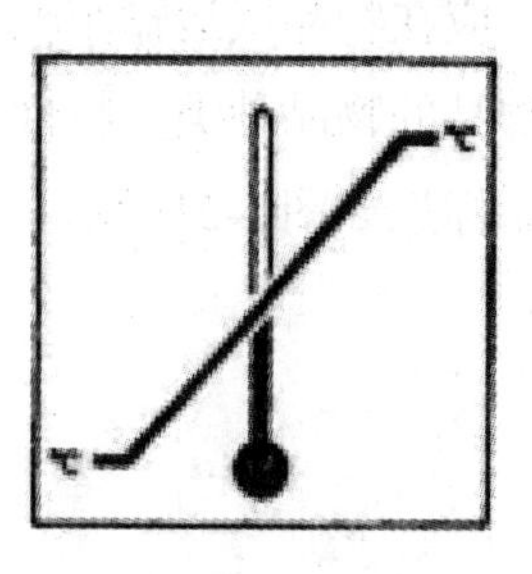

图1–18　温度极限标志

6.禁止滚翻标志

它表示禁止用滚翻的方法搬运物件。如在搬运电石桶时，禁止用滚翻的方法。因在滚翻的过程中，桶在地面滚动，桶内电石互相撞击，有可能产生火花，引起爆炸。禁止滚翻标志如图1-19所示。

图1-19禁止滚翻标志

7.起吊标志

此标志一般都涂刷在包装箱的起吊位置，吊索应安放在标志所示处。起吊标志如图1-20所示。

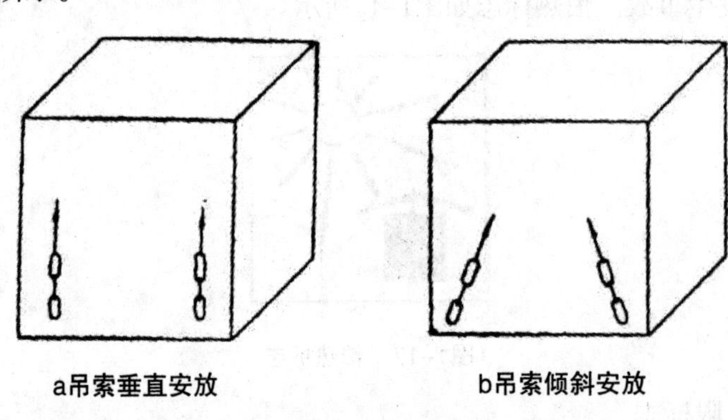

a吊索垂直安放　　b吊索倾斜安放

图1-20　起吊标志

8.危险品标志

当起吊搬运危险物品时，应在物品或运输车辆的显著位置上挂上黄色旗，以示危险。作业时应根据危险物品的物品种类、特性，采取安全的起吊搬运方法，确保物品和人身安全。危险品标志如图1-21所示。

图1-21　危险品标志

9.有毒品标志（包括剧毒品标志）

它表示被起吊或搬运的物品是有毒物品或剧毒物品。作业时，应根据有毒物品的种类，采取相应的安全措施，防止事故发生。有毒品标志如图1-22所示。

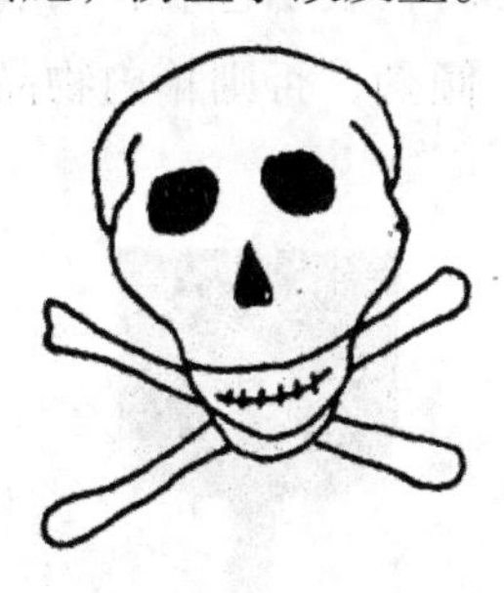

图1-22　有毒品标志

10.爆炸物品标志

它表示被起吊或搬运物品是易爆炸的物品。作业时应特别小心，要采取必要的防范措施，防止物品在搬运中发生爆炸。爆炸物品标志如图1-23所示。

图1-23　爆炸物品标志

11.向上标志

向上标志一般都涂刷在物品或设备包装箱上。它表示该物品或设备在起吊搬运或存放时，应按向上标志放置，不得倒置或倾斜。向上标志如图1-24所示。

图1-24　向上标志

12.易碎标志

在包装箱上涂有易碎标志时，表示包装箱内装的是易碎物品。在起吊或搬运中应小心轻放，避免撞击、倾翻，否则箱内物品将破碎。易碎标志如图1-25所示。

图1-25　易碎标志

13.防潮标志（包括防雨、防霜、防雪）

当在雨雪天起吊或搬运涂有防潮标志的物品或设备时，应做好防潮工作，防止雨雪淋潮物品，如在包装箱上盖油毡、油布等；当将物品或设备存放在室外时，应采取防潮措施。防潮标志如图1-26所示。

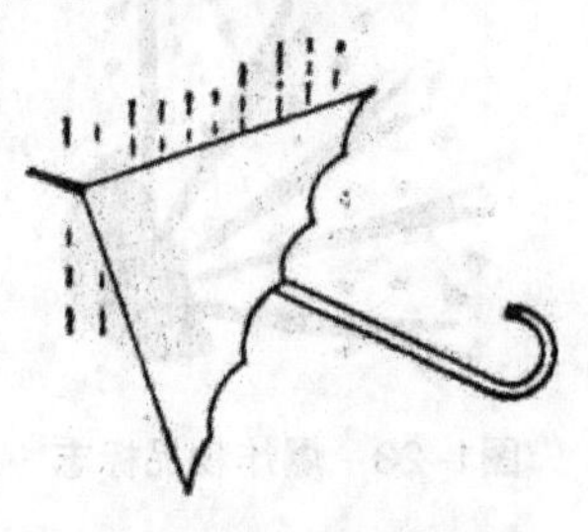

图1-26　防潮标志

14.自燃物品标志

在包装箱上涂刷有自燃物品标志时，它表示该物品在一定的条件下会发生自燃。因此，在起吊该物品时，应首先了解清楚物品的特性，然后采取相应的安全措施，才能进行作业。自燃物品标志如图1–27所示。

图1–27　自燃物品标志

以上介绍的是国内常用的起重运输安全标志。起重工人在作业中有时也会遇到一些国外的设备或物品，因此，了解一些国外的起重运输安全标志也是有必要的。国外常用的部分起重运输安全标志如图1–28~图1–33所示（其中“危险品”标志与我国标志相同，见图1–21）。

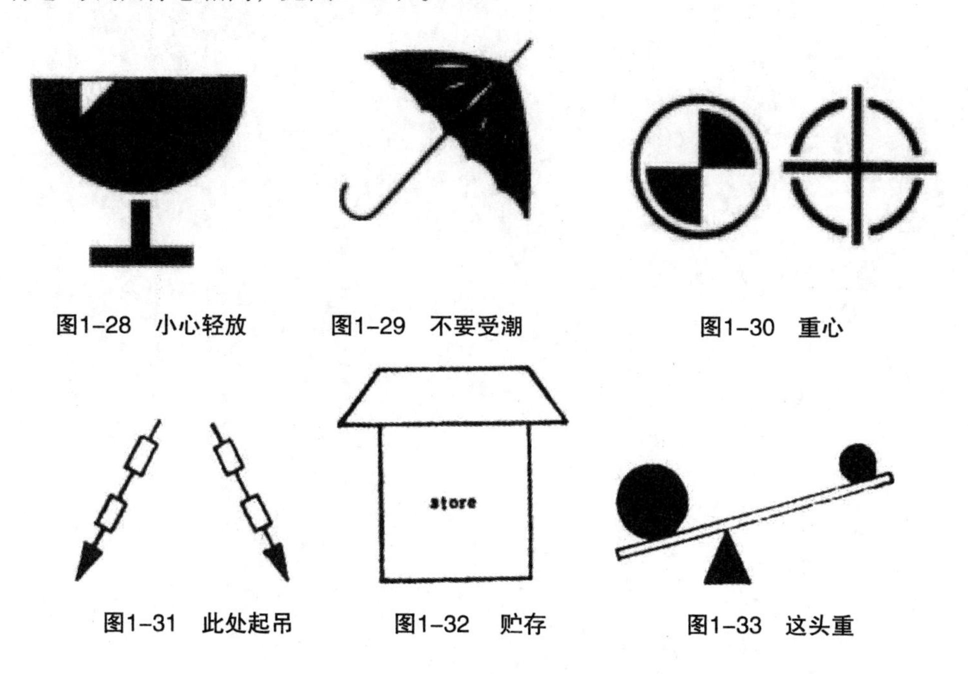

图1–28　小心轻放　图1–29　不要受潮　图1–30　重心

图1–31　此处起吊　图1–32　贮存　图1–33　这头重

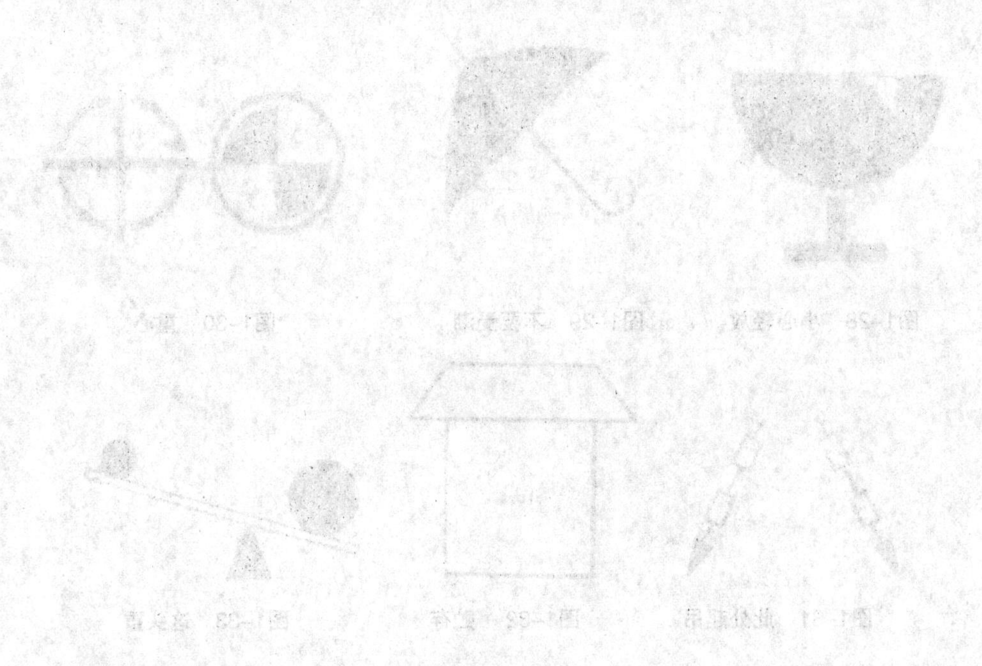

第二章

起重机的分类

第一节　桥式起重机

桥式起重机是桥架两端通过运行装置，直接支承在高架轨道上的桥架型起重机，俗称“行车”或“天车”。

因为桥式起重机既不占据地面作业面积，又不妨碍地面作业，可以在起升高度和大、小车轨道所允许的空间内担负任意位置的吊运工作，所以应用最广泛、数量最多。

一、桥式起重机分类

（一）按结构分

（1）带回转臂架的桥式起重机——小车设有可回转刚性臂架，吊具挂在臂架上升降的桥式起重机。

（2）带回转小车的桥式起重机——小车除了沿桥架运行、起吊具外，还可回转的桥式起重机。

（3）单主梁桥式起重机——具有一根主梁的桥式起重机。

（4）双梁桥式起重机——具有两根主梁的桥式起重机（见图2-1）。

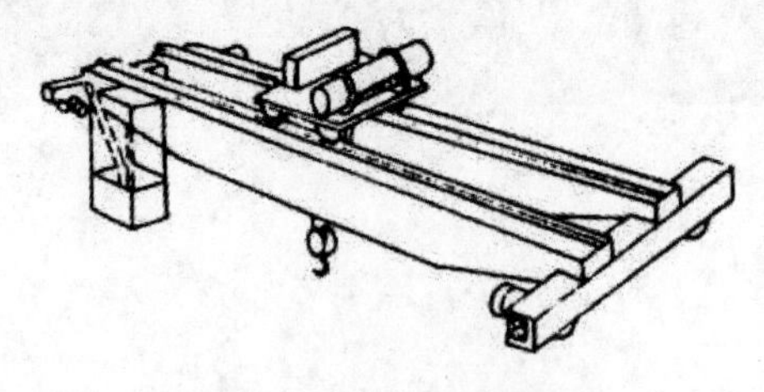

图2-1双梁桥式起重机

（5）同轨双小车桥式起重机——两台小车在桥架的同一轨道上运行的双小车桥式起重机。

（6）异轨双小车桥式起重机——两台小车在桥架的不同轨道上运行的双小

车桥式起重机。

（7）挂梁桥式起重机——带有挂梁的桥式起重机。

（8）电动葫芦桥式起重机——采用电动葫芦作为小车上起升机构的桥式起重机（见图2-2）。

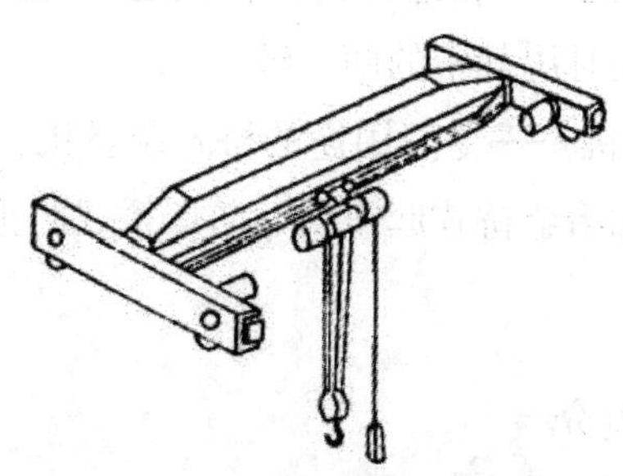

图2-2　电动葫芦桥式起重机

（9）带导向架的桥式起重机——吊具沿垂直导架运行的桥式起重机。

（10）柔性吊挂桥式起重机——吊具柔性悬挂的桥式起重机。

（11）悬挂起重机——悬挂在高架轨道下翼缘上，在轨道下方运行的桥式起重机。

（12）梁式起重机——起重小车在工字形梁或其他简单梁上运行的简易桥式起重机。

（二）按吊具分

（1）吊钩桥式起重机——用吊钩作为吊具的桥式起重机。

（2）抓斗桥式起重机——用抓斗作为吊具的桥式起重机。

（3）电磁桥式起重机——用电磁吸盘作为吊具的桥式起重机。

（4）二用桥式起重机——用抓斗和电磁吸盘，或用抓斗和吊钩两种作为吊具的桥式起重机。

（5）三用桥式起重机——可采用吊钩、抓斗或电磁吸盘三种作为可分吊具的桥式起重机。

（6）料箱—电磁起重机——用料箱托取器和电磁吸盘作为取物装置的起重机，电磁吸盘主要用来对料箱装料。

（7）料箱—抓斗起重机——用料箱托取器和抓斗作为取物装置的起重机，

抓斗主要用来对料箱装料。

（三）按用途分

（1）通用桥式起重机——普通用途的桥式起重机，它的吊具是吊钩、抓斗及电磁吸盘中的一种或同时用其中的两三种。

（2）专用桥式起重机——专门用途的桥式起重机，它的吊具及结构形式随用途不同有很大差别。如冶金桥式起重机、防爆桥式起重机、绝缘桥式起重机、桥式堆垛起重机等。

（四）按驱动方式分

（1）手动桥式起重机——由人力驱动的桥式起重机。

（2）电动桥式起重机——由电力驱动的桥式起重机。

（3）液压桥式起重机——由液压驱动的桥式起重机。

（五）按操纵方式分

（1）司机室操纵桥式起重机——司机室内操纵的桥式起重机。

（2）地面操纵桥式起重机——在地面操纵的桥式起重机。

（3）远距离操纵桥式起重机——有线或无线远距离操纵的桥式起重机。

二、桥式起重机的基本构造（主要介绍通用桥式起重机）

通用桥式起重机由机械部分、金属结构、电气设备等组成。机械部分包括起升机构、小车运行机构、大车运行机构；金属结构包括主梁、端梁、司机室等；电气设备包括电动机、控制电器等。

（一）起升机构

1.驱动装置

起升机构的驱动装置由电动机、制动器、减速器、卷筒以及传动轴等构成。它安装在小车架上，是实现物品升降的动力源。供电方便的起重机，都采用分别驱动形式，即各机构都用各自的电动机驱动。

2.传动装置

起升机构的传动装置，也布置在小车架上，传动装置包括传动轴、联轴器、减速器等。减速器常用封闭式的标准两级圆柱齿轮减速器，在起重量较大（超过80t）时，常在两级减速器传动的基础上，再增加一对开式齿轮做最后级传动。

3.卷绕系统

起升钢丝绳从卷筒上绕出，通过滑轮组，把取物装置（吊钩、抓斗等）联系起来，即构成了起重机的卷绕系统。卷绕系统直接影响起重吊运作业的安全，其造成人身伤害的事故，每年都占全部起重伤害事故的30%～40%。

4.取物装置

起重机上的取物装置，也称吊具。取物装置包括吊钩、抓斗、电磁吸盘等数种。其中应用最广泛的是吊钩。

5.制动装置

制动器上起重机是非常重要的部件。制动器通常安装在高速轴上，以减小尺寸。制动轮常常是利用联轴器的一个半体，带制动轮的联轴器半体安装在减速器轴上，这样即使联轴器损坏，制动器仍能起保险作用。有时高速轴上需要装设两个制动器，第二个制动器可装在减速器高速轴的另一端，或者装在浮动轴的另一个联轴节上。

6.安全装置

通用桥式起重机起升机构的安全装置，主要有超载限制器、上升极限位置限制器等。

（二）小车运行机构

小车运行机构由电动机、联轴器、立式减速器、传动轴及车轮组等组成，在电动机轴上安装制动轮及其相应的制动器。

中小型起重机的小车运行机构均采用集中驱动形式，大型起重机的小车运行机构则通常采用分别驱动形式。

双梁桥式起重机小车运行机构大多采用低速轴集中驱动。电动机通过固定在小车架上的立式减速器、联轴器和传动轴驱动车轮。这种驱动方式中，主动车轮常取总轮数的一半，制动器位于电动机的另一端输出轴上，且普遍采用标准部件，安装和维修方便。

在某些小车轨距较大的专用桥式起重机上，也有采用分别驱动方式的，以方便安装和维修。另外，在一些新型的桥式起重机上，小车架采用拼装式结构，具有镗孔安装车轮轴的端梁，其小车运行机构的驱动装置的电动机、制动器及减速器为一个整体部件（“三合一”驱动装置）。

单主梁桥式起重机的小车运行机构与小车形式有关。一种是垂直反滚轮式单主梁小车，小车自重和物体重量引起的倾覆力矩由小车轮和垂直反滚轮承受，垂直轮压大，宜用于5~20t的起重机。另一种是水平反滚轮式单主梁小车，小车自重和物品重量引起的倾覆力矩由水平轮承担，在同样的起重量下，这种形式的小车轮压较小，因此宜用于30~50t的起重机。为使单主梁小车使用安全可靠，在小车轮以及反滚轮旁设有能钩住轨道的安全钩，以防止车轮脱出轨道时小车发生倾翻。

单梁起重机大多采用电动葫芦作为起重小车。电动葫芦是一种把起升机构、小车运行机构固定在一起的结构紧凑轻巧的起重设备。电动葫芦的小午运行机构由带制动器的锥形转子电动机、减速器、带传动齿轮的主动车轮及从动车轮组成。

（三）大车运行机构

大车运行机构是由电动机、传动轴、制动器、联轴器、减速器及车轮组等组成。由电动机并经减速器机械传动所带动的车轮组称为主动车轮组，而无电动机带动只起支撑作用的车轮组称为被动或从动车轮组。

大车运行机构，有分别驱动和集中驱动之分。

分别驱动是指由两套相同但没有任何联系的驱动装置驱动的。其优点是省去中间传动轴，起重机自重减轻。有的分别驱动运行机构还采用了“三合一”的方式，即将电动机、制动器及减速器合成一个整体，使其体积小、重量轻、结构紧凑等优点更为显著。“三合一”方式的缺点是行走部分的振动比较剧烈，对传动机构和金属结构有不良影响，不利于安全。分别驱动在桥式起重机上得到了广泛的应用。如图2–3所示。

集中驱动是一套驱动装置，通过传动轴驱动起重机运行。按传动轴的布置方式，集中驱动又分为低速集中驱动、中速集中驱动和高速集中驱动3种。如图

2-4、图2-5、图2-6所示。

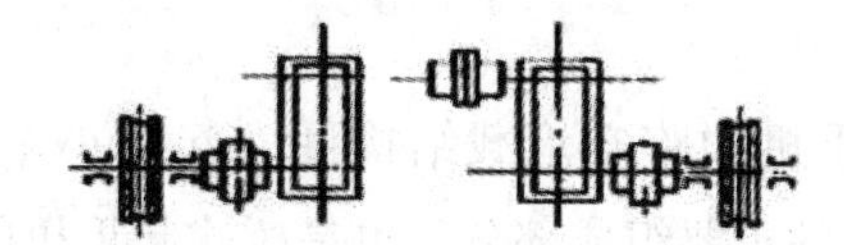

图2-3 桥式起重机分别驱动运行机构示意图

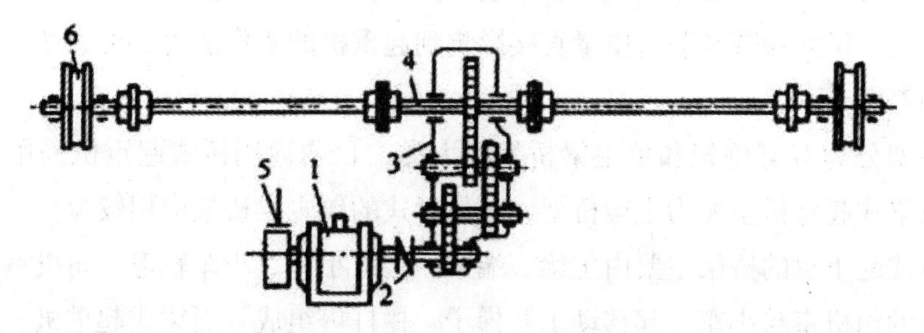

1—电动机；2—联轴器；3—减速器；4—低速轴；5—制动器；6—车轮

图2-4 低速集中驱动运行机构

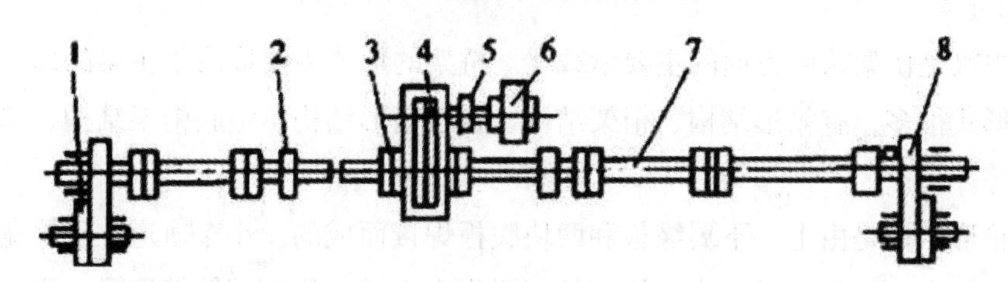

1—车轮；2—轴承座；3—联轴器；4—减速器；5—制动器；6—电动机；7—中速轴；8—开式齿轮

图2-5 中速集中驱动运行机构

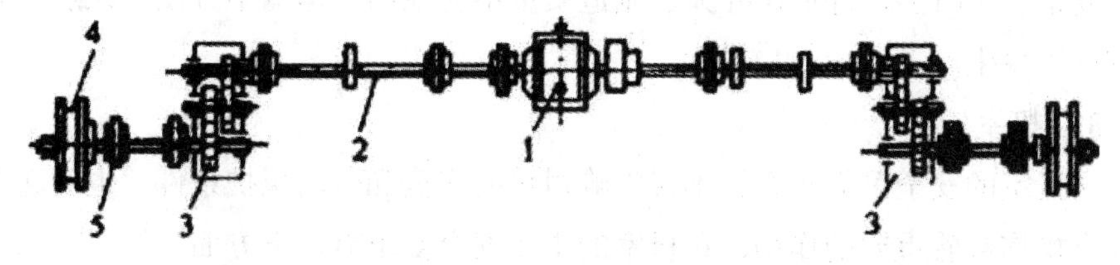

1—电动机；2—高速轴；3—减速器；4—车轮；5——联轴器

图2-6 高速集中驱动运行机构

（四）主要金属结构

桥式起重机的金属结构包括桥架和小车架两大部分，而桥架又由主梁、端梁、司机室、走台、栏杆、梯子等组成。

1.桥架

桥架是桥架型起重机的跨空承载结构件，起重小车沿着桥架上的轨道运行。桥架是桥式起重机的重要组成部分，也是桥式起重机的特征部件。桥架上装有大车运行机构和大部分电气设备，它承受并传递起重机各种工况下的载荷。桥架的形式、尺寸参数及制造质量直接影响到起重机的工作能力、可靠性、安全性及使用寿命。

桥架分为双梁桥架和单主梁桥架两大类，目前通用桥式起重机采用双梁桥架，单梁式起重机主要为主梁桥架，其他形式的单主梁桥架应用较少。

桥式起重机的桥架主要由主梁、端梁、起重小车、小车轨道、司机室（部分起重机的司机室与小车一起移动）及梯子、栏杆等组成。而梁式起重机一般只有主梁、端梁和司机室（地面操纵的可不设）。

2.主梁

主梁是桥架跨度方向的主要承载梁。桥架的形式主要取决于主梁的形式。主梁的形式很多，有箱形结构、桁架结构、空腹箱形结构、空腹桁架结构、单腹板结构等。

箱形结构是由上、下翼缘板和两块腹板焊接而成的。小车轨道位于梁宽中心线上的称为正轨箱形梁，小车轨道偏离梁宽中心线的称为偏轨箱形梁，腹板挖空的称为空腹梁（通常仅腹板挖空，即偏轨空腹箱形梁）。

桁架梁具有自重轻、刚性好、迎风面积小、振动噪声小等优点，但存在制造工艺复杂、工时多、外形尺寸大、制造质量不易控制、运输不方便等缺点，因此目前已很少生产。

3.司机室

司机室的安全可靠与否，不仅影响司机的安全和劳动保护条件，也对起重机的安全操作起着重要的作用，司机室的主要安全要求有以下方面。

（1）司机室的形式应与工作环境条件相适应。

（2）司机室应能容纳所需的电气设备、辅助设施，还应留有足够的空间，便于操作、移动和维修，并备有可容一个培训人员站立的位置。司机室内部净空高度一般不低于2m，底部面积不少于$2m^2$。

（3）司机室必须具有良好的视野，司机在其座位上应能清楚地观察到取物装置及所吊物品在工作范围内的移动。

（4）司机室的结构必须具有足够的强度和刚度，与起重机的连接必须安全可靠。司机室顶部至少应能承受2.5kN/m^{2}的静载荷。

（5）司机室门外带有走台时，门应做成向外打开；司机室门外无走台时，门应做成向里打开；司机门外有无走台都可采用移动式拉门。

（6）司机室应设门锁，防止在起重机运行时门突然打开；在事故状态下，应保证司机能迅速安全地撤出。

（7）各种窗的设置应便于擦洗和更换玻璃。玻璃的固定必须牢固，具有耐振性，并只能从司机室里面安装。玻璃应采用钢化玻璃、夹层玻璃等安全玻璃。

（8）司机室地面应铺设绝缘、防滑和导热系数小的阻燃材料。

（9）司机室应配有工作座椅、灭火器、警铃或警报器，必要时还应设置通信联系装置。

（10）司机室应有良好的照明，光线柔和，工作台面照明度应不低于30勒克斯。

（11）开式司机室的围栏应安全可靠，围栏高度应不低于1050mm。司机室顶应能遮盖住其本身结构的投影面。

（12）闭式司机室应具有良好的密封性。露天工作时应能防止雨水侵入，其顶面不允许积水。经常处于阳光照射下工作的司机室，顶部或顶部上方应设防晒层。

（13）保温司机室设置保温层，保温层的材料应采用无臭、无毒的阻燃性材料。

（14）具有有害气体、尘埃和噪声等危害的特殊工作环境，应采取相应的防护措施。

4.走台

起重机上走台的宽度（从栏杆至小车最外伸部分）应不小于500mm，走台上方的净空高度一般应不小于1800mm。走台应有足够的强度和刚度，走台板应具有防滑性能。

5.栏杆

起重机上走台及端梁上应设置完整的栏杆。栏杆应安装牢固。栏杆高度应为1050mm，并设置上部间距为350mm的两道横杆，底部应设置高度不小于70mm的围护板。

小车上的栏杆原则上应和走台上同样设置。当厂房净空高度受到限制时，其高度可与小车上其他部件最高点一致，但最小不低于700mm，中间加一横杆。

6.梯子

桥式起重机司机室与走台之间应设置梯子，应优先采用斜梯，斜梯的尺寸符合要求，在整架斜梯中，所有梯级间距应相等，踏板应有防滑性能，梯侧应设栏杆。

采用直立梯时，梯级间距宜为300mm，且梯级间距应相等，梯宽不应小于300mm，踏板距前方立面不应小于150mm。

7.起重小车

起重小车是在桥架上运行，使吊挂重物移动的装置。起重小车一般由车架、起升机构和小车运行机构组成。电动葫芦也是一种起重小车，它没有小车架，而把起升机构和运行机构连接在一起，组成一个整体部件。

小车架是安装起升机构和小车运行机构的结构件，也是传递全部起升载荷的构件，因此，其应具有足够的强度和刚性，以保证其受载后不致影响上面安装的机构正常安全运行。

小车架一般由钢材焊接而成。近年来也有用冲压薄板型材拼焊而成的小车架。小车架的整体构造主要取决于起重机的桥架类型及起升机构、小车运行机构的布置方式。

通用桥式起重机一般采用双梁桥架，常见的小车架由2～3根与小车轨道垂直的纵梁和2根横梁组成框架结构，上面铺设纵、横梁焊接的钢板，使其成为牢固的整体并便于人员安装和检修。在小车架上留有穿过钢丝绳和安装工艺所需的窗孔。

室内用的起重机小车架在与小车轨道垂直的外侧边缘装有栏杆，以防检查人员坠落，而室外的起重机小车还应装设防雨罩。

（五）电气设备

通用桥式起重机的电气设备包括：各机构电动机、制动器、操纵电器和保护电器等。

三、影响通用桥式起重机安全运行的主要因素

通用桥式起重机是一种危险性较大的设备，对起重作业的安全、起重机本身的安全技术性能起着十分重要的作用。

（一）主梁变形

1.主梁变形的含义

主梁是桥式、龙门式起重机的主要受力部件，为了确保安全生产，它必须具有足够的强度、刚度和稳定性，还必须符合技术条件中有关几何形状的要求。为了保证使用性能，尽量使起重小车减少“爬坡”及“下滑”的不利影响，空载时主梁应具有一定的上拱度，如图2–7所示。我国桥式起重机制造技术条件（JB1036–82）规定，桥式起重机桥架在制造好后，其主梁跨中的上拱度值AF应为：

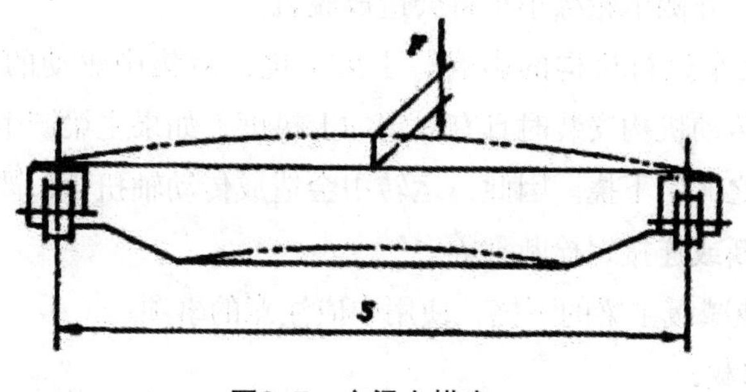

图2–7　主梁上拱度

式中：*S*——跨度

主梁变形主要是指上拱减小和出现“残余下挠”。

通过对起重机使用单位的实际调查，发现不少使用的起重机都达不到上拱值的要求，有一些起重机经使用一段时间以后产生下挠。

这里所说的主梁下挠是指主梁产生向下的永久变形，即起重机在空载时，主梁上拱度已减小或低于水平线的下挠，成为负拱度，即通常说的“残余下挠”。这种起重机起吊重物时，主梁的下挠变形超出规定范围，对起重机的安全运行十分不利。

在实际使用中发现，5～50t的大跨度（19.5m以上）起重机，主梁下挠相当普遍，且箱形结构比桁架结构程度严重，热加工车间使用的起重机比冷加工车间

使用的起重机程度更为严重。箱形起重机主梁的下挠、旁弯、腹板波浪等几种变形常同时出现，相互关联，相互影响，严重影响着起重机的使用性能。

2.主梁变形对起重机安全运行的影响

主梁下挠，不仅影响正常作业，对起重机安全运行威胁极大，严重时可能导致事故。主梁变形对安全运行的影响如下：

（1）对小车运行的影响。当主梁下沉后，小车运行机构不仅要克服正常的运行阻力，还要克服轨道倾斜产生的爬坡附加阻力，势必降低小车运行机构的使用寿命，甚至损坏机构、烧坏电机。另外，当小车轨道坡度达到一定程度时，还将引起小车打滑，影响起重机的正常工作。

（2）当两根主梁的下挠程度不同时，会使小车的四个车轮不能同时与轨道接触，形成小车“三条腿”现象，同时，随着主梁的下挠，又引起了主梁的水平弯曲。主梁向内弯曲，使小车轨距减小。轨距减小到一定数值时，双轮缘小车将产生运行夹轨，外侧单轮缘小车将会造成脱轨。

（3）对大车运行机构的影响。主梁下挠，对集中驱动的传动机构影响较大。因为这种传动机构安装时具有一定的上拱度，如果主梁产生较大的下沉，传动机构也将随之产生下挠。因此，运转中会造成传动轴扭弯，严重的还可能造成联轴器齿部折断或连接螺栓断裂等。

3.为防止或减缓主梁的下挠，使用中应注意的事项

（1）不超载；

（2）不歪拉斜吊；

（3）不将重物长时间停悬在空中，起重机不工作时应将小车停在跨端并将电磁吸盘、抓斗等自重较大的取物装置放至地面；

（4）避免起重机长期停在有高温热辐射的位置；

（5）防止不合理的修理，如在主梁上进行气割、焊接作业。

（二）大车啃轨

1.“啃轨”的含义

“啃轨”又称啃道、咬道，即起重机或小车车轮的轮缘与轨道侧面接触，在运行过程中产生摩擦，使起重机或小车不能正常运行。

在正常运行情况下，起重机的车轮轮缘与轨道之间保持一定的间隙，如分别

驱动时为20～30mm，集中驱动时为40mm。但是，如果车身歪斜，车轮就不在踏面中间运行，从而使轮缘与轨道一侧强行接触，造成啃轨。起重机“啃轨”是车轮轮缘与轨道摩擦力增大的过程，也是车体走斜的过程。“啃轨”会使车轮和钢轨很快就磨损报废。

检查起重机是否“啃轨”，可以根据下列迹象来判断：

（1）钢轨侧面有一条明亮的痕迹，严重时，痕迹上带有毛刺；

（2）车轮轮缘内侧有亮斑并有毛刺；

（3）钢轨顶面有亮斑；

（4）起重机行驶时，在短距离内轮缘与钢轨的间隙有明显的改变；

（5）起重机在运行中，特别是在启动、制动时车体走偏、扭摆。

2.“啃轨”对起重机安全运行的影响

（1）降低车轮的使用寿命

中级工作级别的起重机在正常情况下，经过淬火处理的车轮，可以使用10年或更长的时间，而啃轨严重的起重机车轮，车轮的寿命会大大减少，这会严重影响生产安全和生产效率。

（2）磨损轨道

起重机车轮啃轨严重时，会将轨道磨出台阶，甚至使轨道报废。

（3）增加运行阻力

运行正常的起重机，停车时的惯性运行距离较长，若停车时惯性运行距离短即为一般性啃轨。如果把控制器手柄放在一挡上，还开不动车，说明阻力很大，属于严重啃轨。根据测定，严重啃轨的起重机运行阻力是正常运行阻力的1.5～3.5倍。由于运行阻力增加，使运行电动机和传动机构超载运转，严重时会烧坏电动机或扭断传动轴等。

（4）损害厂房结构

起重机啃轨必然产生水平侧向力，这种侧向力将导致轨道横向位移和固定轨道的螺栓松动，啃轨还将引起起重机整机剧烈震动。这些都将不同程度地损害厂房结构。

（5）造成脱轨

啃轨严重，特别是当轨道接头间隙较大时，车轮可能爬到轨顶，造成起重机脱轨事故。对于只有外侧轮缘的小车车轨，当轨距变小时，更容易造成脱轨。

3.产生啃轨的原因

（1）轨道缺陷造成啃轨

①轨道安装水平弯曲。大车轨道安装水平弯曲过大，超过跨度公差时，就会引起车轮轮缘与轨道侧面摩擦。这种啃轨常发生在固定的线段上。

②轨道安装“八”字形。轨道安装不规范，造成轨距一端大、一端小，即所谓轨道“八”字形。在这样的轨道上，起重机运行时，轮缘与轨道间隙越走越小，直至产生摩擦，二个或四个轮均磨里缘。向相反方向运行，才慢慢好转，继续运行又开始磨车轮外缘。

③两根轨道相对标高超差过大。这种情况可使起重机在运行中发生横向移动，造成较高一侧轨道的外侧被啃、较低一侧轨道的内侧被啃。

④轨距变化。起重机桥架结构变形，主梁下沉，引起小车轨距的变化，这个变化超出一定限度，就会产生小车轮啃轨或脱轨。如果小车轨距变小，则小车往返运行时，轨道的内侧紧靠在车轮的内轮缘上，这种现象称为夹轨。

（2）车轮缺陷造成啃轨

桥架或小车架发生变形，必将引起车轮的歪斜和跨度的变化，从而造成运行啃轨，其中以大车最为多见。

①车轮水平偏斜。因桥架变形，促使端梁水平弯曲，以致车轮水平偏斜超差或车轮安装时即已水平偏斜超差。即车轮宽度中心线与轨道中心线形成一夹角β，如图2–8所示，且两主动轮同向偏斜，造成啃轨。

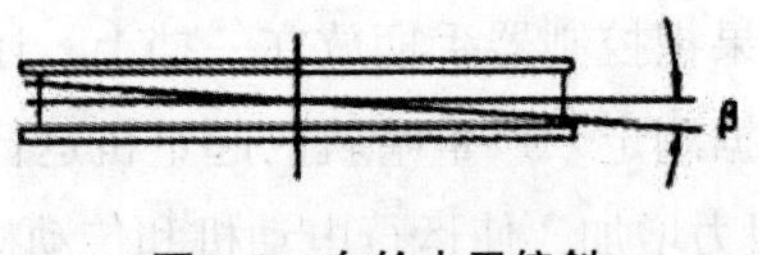

图2–8 车轮水平偏斜

②车轮垂直偏斜。因桥架变形，造成车轮垂直偏斜超差，引起啃轨。即车轮踏面中心线与铅垂线形成一夹角a，如图2–9所示。当主动车轮端面的垂直偏斜值超出公差时，即引起啃轨。

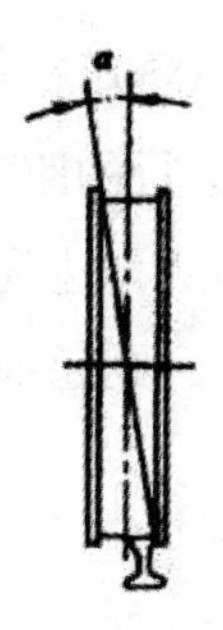

图2-9　车轮垂直偏斜

当一对主动车轮（大车轮）向同一方向垂直偏斜，且偏斜量相等时，则在空载时A、B两轮的运行半径增大值也相等，不会产生啃轨，如图2-10所示。但是承载后，A轮的垂直偏斜进一步增大，B轮垂直偏斜减小，造成两主动轮的滚动半径不相等，车轮发生啃轨。

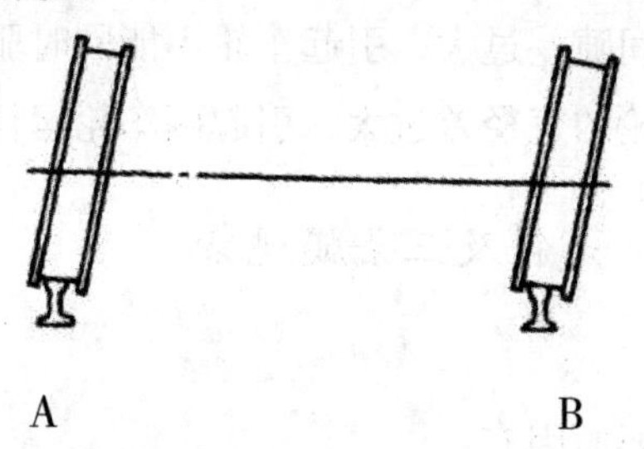

图2-10　车轮同向垂直偏斜

由此可见，安装时应注意使同一组车轮（不论是主动车轮或被动车轮）均略向外侧偏斜，以造成桥架承载后减少车轮的垂直偏斜，保证在空载或承载时都不会啃轨。

车轮垂直偏斜，还会引起车轮踏面和钢轨顶面的接触面积变小，单位面积的压力增大，造成车轮磨损不均匀，甚至在踏面上磨出沟槽。这种原因引起的啃轨，起重机运行时常伴有嘶嘶声。

③两主动轮直径不相等。在这种情况下，起重机运行时，走斜啃轨。

④前后车轮不在同一直线上运行。因桥架变形而引起跨度或对角线的过量超差，使前后两个车轮不能在一条直线上运行，引起啃轨。

⑤车轮锥度方向安装错误，目前生产的桥式起重机，为了自行调节大车两端车轮运行的同步，避免啃轨，大车运行机构的两主动轮踏面采用1：10锥形车轮。安装锥形车轮，必须注意二车轮锥度方向相反，且锥顶向外，如图2-11所

示。当车轮A超前车轮B时，则车轮A将运行小直径，车轮B将运行大直径，这时车轮A、B同时运行一周时，车轮A运行的路程少，而车轮B运行的路程多，运行一段时间以后，车轮B就会赶上车轮A，达到两主动轮平齐运行的目的。若车轮A、B锥度的安装方向与图2-11相反，则超前的车轮越运行越超前，滞后车轮越运行越滞后，啃轨也就越来越严重。

A　　　　B

图2-11　锥形踏面车轮的安装

（3）其他原因造成的啃轨

除轨道和车轮的缺陷等原因外，还有其他一些因素也能引起啃轨。如分别驱动的大车运行机构中两台电动机不同步和两制动器制动力矩不等，引起车轮运行不同步；两端联轴器的间隙差过大，引起车轮不能同时驱动；更换一个主动车轮后，造成了两个主动车轮的直径差过大，引起两车轮运行的路程不一致；等等。

（三）小车打滑、走斜及三条腿现象

1.小车打滑

引起小车打滑的主要原因有：

（1）主动轮压不等。由于轮压小的轮子产生的摩擦力小，故轮压小的车轮就会打滑。

（2）轨道上有霜雪或轨道有油污也有可能打滑。

（3）驱动力过大，一般是电动机选择得偏大，或启动时间短，很容易打滑。

（4）由于制动器选择偏大，制动时间短，在小车制动时，易产生打滑。

2.小车走斜

起重小车传动轴上某一个键松动或两个驱动轮有一个卡塞、小车“三条腿”、小车某个驱动轮打滑都会使起重小车走斜、“啃轨”。

若两条轨道标高偏差过大，当小车运行到这一区段，车体就会迅速靠向低的一侧并且走斜，同一条轨道直线性不好，甚至接头处轨道顶面向相反的两个方向扭斜，小车运行到这一区段也会突然走斜；此外，车轮安装偏差过大，也会使小车走斜。

无论什么原因，凡是小车走斜，都会引起小车“啃轨”，使车轮和轨道产生严重磨损。一旦发现问题，应根据上述分析原因及时修理。

3.小车三条腿

小车三条腿是指小车在运行时四个车轮中有三个车轮着轨，有一个车轮悬空。小车三条腿可能引起小车振动、走斜（歪）等故障。引起小车三条腿的原因有：

（1）四个车轮不在同一平面。安装轴线不在同一平面。这时，只要调整四个小车轮至同一平面，即可消除“三条腿”现象。

（2）轨道不平。如果发现同侧的两个车轮均在某一段轨道上分别不与轨道接触，可以断定是轨道问题，即因主梁变形而造成这段轨道局部凹陷。这时需加垫调整轨道；凹陷严重的，应修复主梁，从根本上解决轨道凹陷问题。

第二节　门式起重机

一、门式起重机分类

门式起重机与桥式起重机的差别在于门式起重机比桥式起重机多1～2条支腿，本节主要介绍通用门式起重机，通用门式起重机的分类如下：

（1）按主梁结构形式可分为：双主梁门式起重机和单主梁门式起重机；

（2）按取物装置分为吊钩门式起重机、抓斗门式起重机和电磁门式起重机。

使用较多的是双梁箱形八字支腿门式起重机、单主梁L形支腿门式起重机、单主梁C形支腿门式起重机、桁架门式起重机等。

通用门式起重机分类和代号见表2–1。

表2-1 通用门式起重机分类和代号

主梁形式	名称	小车特征	代号
双主梁	吊钩门式起重机	单小车	MG
		双小车	ME
	抓斗门式起重机	单小车	MZ
	电磁门式起重机		MC
	抓斗吊钩门式起重机		MN
	抓斗电磁门式起重机		MP
	三用门式起重机		MS
单主梁	吊钩门式起重机	单小车	MDG
		双小车	MDE
	抓斗门式起重机	单小车	MDZ
	电磁门式起重机		MDC
	抓斗吊钩门式起重机		MDN
	抓斗电磁门式起重机		MDP
	三用门式起重机		MDS

如图2-12 所示为通用门式起重机的结构图。

图2-12a所示为双主梁通用门式起重机的结构图，可分为吊钩门式起重机、抓斗门式起重机、电磁吸盘门式起重机，也可分为两用（两种吊具）和三用（三种吊具）门式起重机；图2-12b所示为单主梁L形支腿通用门式起重机的结构图，也有C形支腿的。吊具的种类同样可以是吊钩、抓斗，也可以是电磁吸盘。图中标出主要尺寸代号，这些尺寸可在通用门式起重机参数表中查得。L_1和L_2是悬臂长度。

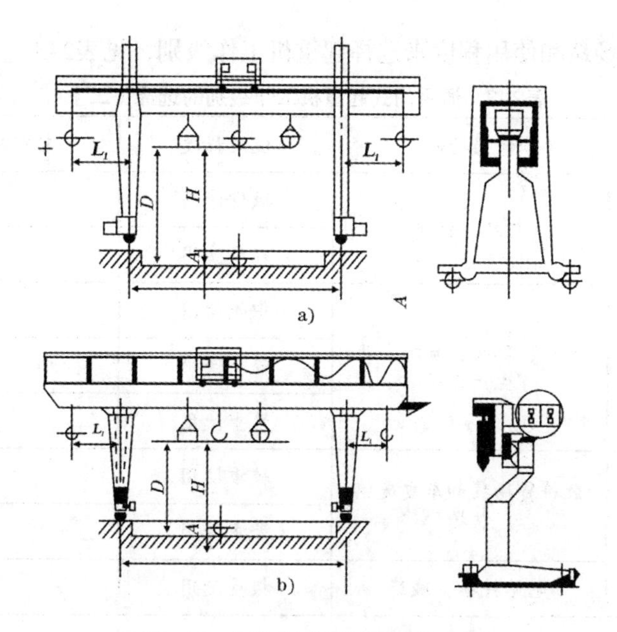

图2-12　通用门式起重机的结构图

二、工作级别的选择

根据吊具等因素给出的起重机工作级别，见表2-2。

表2-2　通用门式起重机工作级别的选择（一）

取物装置		工作级别
吊钩	双梁	A2~A6
	单主梁	
	双小车	A2~A5
抓斗		A4~A7
电磁吸盘		

根据使用场地和使用程度来选择起重机工作级别，见表2-3。

表2-3 通用门式起重机工作级别的选择（二）

取物装置	使用场地	使用程度	起重机工作级别
吊钩	电站、仓库	很少使用	A2
		轻度使用	A3
	车站、码头、货场企业生产工厂	中等使用	A4
		较重使用	A5
		繁重使用	A6
抓斗 电磁吸盘	散料货场装卸车皮废钢铁场	较重使用	A5
		繁重使用	A6
	电站料场、碱厂	极重使用	A7

三、门式起重机安全技术

门式起重机与桥式起重机的机构基本相同，所以技术要求也有很多相同之处。

1.焊缝

目测检查不得有裂纹、孔穴、固体夹渣、未熔合及未焊透等可见缺陷。主梁受拉区翼缘板、腹板的对接焊缝要进行无损探伤检查，焊缝内应无裂纹、未熔合和未焊透。

2.新安装或大修后的起重机主梁跨中$S/10$范围内上拱度

应为：$F=(0.9\sim1.4)S/1000$，S为跨度；门式起重机悬臂上翘度为$F=(0.9\sim1.4)L/350$，L为悬臂长度。

正常工作时，当起重机小车在主梁跨中起吊额定载荷，主梁跨中下挠值从水平线计算超过$S/700$时，则应修理，如不能修复则应报废。

刚性支腿与主梁在跨度方向的垂直度$h\leqslant H/2000$，H为支腿高度。

3.门式起重机组装后

跨度、跨度相对差、主梁拱度、悬臂上翘度、水平弯曲等项目的允许偏差在规定范围内。

4.通用门式起重机安装后，夹轨器应灵活可靠。试验时，夹轨器应符合下列要求

（1）夹轨器各铰接点应转动灵活；夹钳、连杆、弹簧、螺杆和闸瓦不应有裂纹和变形。

（2）夹轨器工作时，闸瓦应在轨道的两侧夹紧；钳口的开度应符合技术文件的规定，在运行中不应与轨道相碰。

5.安全装置

根据《起重机械安全规程》，通用门式起重机应安装下列安全装置：

（1）超载限制器（超重限制器）。

（2）上升极限位置限制器（起升高度限制器）。

（3）下降极限位置限制器。

（4）运行极限位置限制器。

（5）联锁保护装置。

（6）缓冲器。

（7）防倾翻的安全钩（单主梁门式起重机）。

（8）检修吊笼。

（9）扫轨板和支撑架。

（10）轨道端部止挡。

（11）导电滑线防护板。

（12）电气设备的防雨罩。

（13）夹轨器和锚定装置或铁鞋。

（14）当起重机主起升高度H≥12m时，宜装风速、风级报警器。

（15）当起重机跨度S≥40m时，应装偏斜调整和显示装置。

6.起重机噪声要求

在没有其他声音干扰的情况下，起重机产生的噪声，在司机室座位测量，结果应如下：当额定起重量G=100t，工作级别为A2～A5时，噪声应不大于84dB（A）；工作级别为A6～A7时，噪声应不大于80dB（A）。

当额定起重量G>100t，在闭式司机室内测量，噪声应不大于85dB（A）。

7.司机室、梯子走台的要求

司机室、梯子走台的要求与桥式起重机的要求相同。

8.外观要求

（1）起重机面漆应均匀、细致、光亮、完整且色泽一致。

（2）油漆漆膜厚度，每层为25～35um，总厚度为75～105um。

（3）漆膜附着力应达到GB/9286规定的一级质量。

（4）在起重机吊具（滑轮侧面板、平衡梁）和运行台车侧面涂有黄色和黑色相间隔的安全标志。

（5）在主梁跨中腹板上安置醒目的起重机铭牌，铭牌上应标有主要性能参数、起重机型号或标记、制造厂商和制造时间或生产编号。

第三节　桥门式起重机的安全操作

一、作业前的安全检查

（一）交接班检查

交接班时，交班司机应将值班中出现的问题详细介绍给接班司机，交接班司机应共同检查起重机。检查的主要内容和程序如下：

（1）首先检查配电盘上总闸刀开关是否断开，不允许带电检查。

（2）检查钢丝绳的断丝根数和磨损量，是否超过报废标准。检查卷筒上是否有窜槽或叠压现象，固定压板是否牢固可靠。

（3）检查制动器的工作弹簧、销轴、连接板和开口销是否完好。制动器不得有卡住的现象。

（4）各安全装置应动作灵敏可靠。

（5）受电器（滑块或滑轮）在滑线上应接触良好，电缆卷筒的运动应与大车运行速度相协调。

（6）吊钩应能在横梁上灵活转动，钩尾固定螺母不得有松动现象。

（二）供电情况检查

开车前，要检查电源供电情况，电压不得低于额定电压的93%。

（三）物品检查

起重机上不得遗留工具或其他物件，以免作业中发生坠落，造成人身设备事故。

（四）控制系统检查

开车前，要按操作规程将所有的控制手柄扳至零位，并将门开关合上，鸣铃后方可开车。

二、工作中的安全要求

（1）鸣铃起步，启动要平稳、逐挡加速。

（2）严禁吊物从人的上方通过或停留，应使吊物沿吊运安全通道移动。

（3）操纵电磁吸盘或抓斗起电机时，禁止任何人员在移动吊物下面工作或通过，应划出危险区并立警示牌，以引起人们重视。

（4）作业中，遇到下述情况，应按规定发出信号（如鸣铃等）：

①起重机启动后即将开动前；

②靠近同跨的其他起重机时；

③在起升、下降吊物时；

④吊物在吊运中接近地面工作人员时；

⑤起重机在通道上方吊物运行时。

（5）起重机在吊运过程中设备发生故障时。

（6）严格遵守起重作业“十不吊”。

三、工作完毕后应做的工作

（1）应将吊钩升至接近上极限位置的高度，不准在吊钩上悬吊货物和索具等。

（2）将起重小车停放在主梁远离大车滑触线的一端，不得置于跨中部位；

大车应开到固定停放位置。

（3）电磁吸盘和抓斗等取物装置，应降落至地面或停放平台上，不得在空中长时间悬吊。

（4）所有控制器手柄应回零位，将紧急开关扳转断路，拉下保护柜隔离开关，关闭司机室门后下车。

（5）露天工作的起重机的大、小车，特别是大车，应采取措施固定牢靠，以防被大风吹跑。

（6）司机在下班时应对起重机进行检查，将工作中发生的问题及检查情况记录在交接记录本中，并交给接班人。

四、起升机构和大、小车运行机构的安全操作

（一）起升机构的安全操作

起升机构是起重机的核心机构，它的工作好坏是保证起重机能否安全运转的关键。作为起重机司机，为了防止起重机在实际操作中发生危险事故，必须很好地掌握起升机构的操作要领。归纳为以下几点：

（1）司机在交接班过程中和日常使用过程中，应仔细检查与安全运转直接相关的重要零部件的完好状况，如钢丝绳、吊钩和各机构制动器等，发现问题必须及时解决。

（2）每天或每班第一次工作前，必须进行负荷试吊，即将额定负荷的重物提升离地面0.5m的高度，然后下降以检查起升制动器工作的可靠性。

（3）在起吊载荷时，必须逐步推转控制器手柄，不得猛烈扳转直接用高挡快速提升吊物。

（4）起重机由起吊位置到达吊运通道前的运行中，吊物应高出其越过地面最高设备0.5m为宜。当吊物到达通道后，应降下吊物使其以离地面0.5m的高度随车移运。严禁从人的上方或不沿通道运行。

（5）在某些场合下，吊物必须通过地面作业人员所在的上空时，司机必须连续发出警铃信号，待地面人员安全躲开后，方可开车通过。

（6）当吊物到达指定的停放位置时，吊物必须准确对正指定位置后方可开动起升机构落钩。落钩下降吊物时，严禁快速下降，必须使吊物平稳着地，待指

挥人员发出吊物放置稳妥安全信号后，方可落绳脱钩。

（7）没有上升限位器或上升限位器工作失效，在未修复前不准开车运转，防止钩头碰撞定滑轮造成绳断，以导致钩头坠落事故的发生。

大、小车运行机构的安全操作

吊钩的移动是靠大、小车运行机构来完成的，在移动过程中，保证吊物不游摆，做到起车稳、运行稳、停车稳且落钩准确是对运行机构操作的基本要求。为此，司机应做到以下几点。

（1）司机必须熟悉大、小车的运行性能，即掌握大、小车的运行速度及制动行程。

（2）工作前应检查制动行程是否符合安全技术要求，如不符合则应调整制动器，使之符合规定。

（3）在开动大、小车时，应逐步提速，以确保大、小车运行平稳，严禁猛烈启动和加速。

（4）由于吊物是用挠性的钢丝绳与车体连接的，当开动大、小车时，吊物所产生的惯性作用，必然滞后于车体而产生游摆趋势。反之，当停车时，车体在机械制动下停止而吊物却因惯性作用仍向前运动，同样会产生吊物的游摆，为此要求司机做到起车稳、运行稳和停车稳的“三稳”操作。

①起车稳。大、小车启动后先回零位一次，当吊物向前游摆时，迅速跟车一次，即可使吊物当其重力线与钢丝绳均处于铅垂位置时达到与车体同速运行而消除游摆。

②运行稳。在大、小车运行中如发现吊物有游摆现象，则可顺着吊物的游摆方向，顺势加速跟车，使车体跟上超前的吊物，以使其达到平衡状态而消除游摆。

③停车稳。在大、小车将到达指定位置前，应将控制器手柄逐步拉回以使车速逐渐减慢，并有意识地拉回零位后再短暂送电跟车一次，使吊物处于平衡而不游摆状态。

（5）司机在正式开车工作前，应对吊运工艺路线、指定位置及其周围环境了解清楚，并根据车速大小、运行距离，选择适宜的操作挡位及跟车次数，尽量避免反复启动、制动，这样不但能保证大、小车运行平稳，也可使起重机免受反复启、制动的损害。

（6）严禁打反车制动，需要反方向运行时，必须待控制手柄回零、车体停止后再向反方向开车。

第四节　流动式起重机

流动式起重机是臂架式类型起重机械中无轨运行的起重设备，它具有自身动力装置驱动的行驶装置，转移作业场地时不需拆卸和安装。由于其机动性强、应用范围广，近年来得到了迅速发展。特别是近几十年来由于液压传动技术、控制工程理论及计算机在工程机械中的广泛运用，明显提高了流动式起重机的工作性能和安全性能，从而使它在所有起重设备中的占有量越来越大，而且某些专用的流动式起重机也应运而生。

一、流动式起重机的分类和特点

（一）流动式起重机的分类

1.按起重量分类

按起重量Q的大小，有小型（Q<12t）、中型（Q=16<40t）、大型（Q>40t）和特大型（Q>100t）4种。

2.按起重吊臂的形式分类

按起重吊臂的形式不同，有桁架臂式和箱形臂式两种。

3.按传动装置分类

按传动装置不同，有机械传动式、电力—机械传动式和液压—机械传动（简称液压传动）式三种。

4.按用途分类

按用途不同，流动式起重机可分为通用流动式起重机和专用（或特殊用途）流动式起重机。

通用流动式起重机就是用于港口、货场、车站、工厂、建筑工地，进行货物装卸和建筑安装的流动式起重机。

专用流动式起重机是从事某种专门作业或备有其他设施进行特殊作业的流动式起重机。如专门用于大型设备及构件安装的重型及超重型桁架臂汽车起重机、集装箱轮胎起重机、抢险救援起重机。

5.按底盘分类

流动式起重机按底盘不同，可分为轮胎起重机、履带起重机等。轮胎起重机又统称为轮胎式（简称轮式）起重机。目前生产的轮式起重机吊臂多采用箱形臂式，传动装置多采用液压传动方式。

（二）流动式起重机的特点

1.轮胎起重机

起重作业部分安装在专门设计的自行轮胎底盘上的起重机称为轮胎起重机。轮胎起重机在行驶状态和作业状态均使用同一个驾驶室。它轴距短，可以吊载行驶和全周作业。适用于建筑工地、车站、码头等相对稳定的工作场地作业。

2.履带起重机

起重作业部分安装在履带底盘上，依靠履带行驶的起重机称为履带起重机。履带接地面积大，稳定性好，能在松软的路面或无加工路面的场地行驶，爬坡能力强，转弯半径小，作业时不需要支腿支撑，可带载行走，因此最适合建筑工地使用。

二、流动式起重机的工作机构

流动式起重机的工作机构一般由起升机构、变幅机构、回转机构和行走机构组成。

（一）起升机构

流动式起重机的起升机构由动力装置、减速装置、卷筒及制动装置等组成。该动力装置一般是柴油机或汽油机，除用来驱动起升机构外，也用来驱动行走机构、回转机构和变幅机构。

由于液压技术的提高以及密封技术的进步，液压传动得到了广泛的应用。在液压传动的起升机构中，一般采用液压马达驱动机构工作。当把操纵手柄向后拉时，油泵将压力油通过操纵阀、平衡阀的下方油路进入油泵，使油泵正向旋转，起升卷筒正转，吊钩上升；当操纵阀的手柄向前推时，压力油通过上方油路进入油马达，使油马达反转。起升卷筒随之反转，吊钩落下。

平衡阀的作用是防止在吊物的作用下产生超速下降，所以平衡阀也被称为限速阀。当机构停止工作时，平衡阀闭锁，油马达不能回油，使重物保持不动。

起升机构的典型事故是断绳或制动器失灵。除超载、钢丝绳强度不够、制动器本身的缺陷之外，液压系统的故障也会导致一些事故，如平衡阀渗漏或失灵，都会造成重物坠落。

（二）变幅机构

变幅机构是改变起重机工作半径的机构，它扩大了起重机的工作范围，有利于提高起重机的生产效率。

只允许在空载条件下变幅的机构叫作非工作性变幅机构。而把能在带载的条件下变幅的机构叫作工作性变幅机构。变幅又可分为挠性变幅（钢丝绳滑轮组）和刚性变幅（油缸变幅）。

变幅用的液压油缸按其与吊臂的相互位置不同，可分为前倾式、后倾式和后拉式三种形式，如图2-13所示。

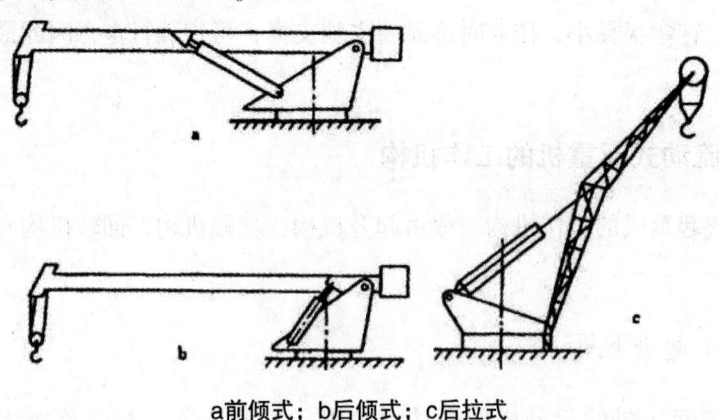

a前倾式；b后倾式；c后拉式

图2-13　液压变幅机构变幅油缸布置方式

前倾式变幅液压油缸，因其对臂架的作用力臂长，故采用变幅推力较小的小直径油缸。优点：吊臂悬臂部分短，能改善臂架受力状况；缺点：变幅液压油缸行程较长，臂架下方有效空间较小，小幅度时，对起吊大体积重物不利。

后倾式变幅液压油缸，由于变幅油缸行程短，作用力臂短，因此所需推力大，多为双缸。优点：一是吊臂下方有效空间大，二是由于油缸重心后移，可减少平衡重并有利于提高性能；缺点：由于油缸上铰点后移，使吊臂的悬臂部分较长，对吊臂的受力不利。

后拉式变幅油缸布置在吊臂后方。优点：吊臂前方的有效空间大些；缺点：变幅力较小，仅用于小型轮式起重机或其他工程机械上。

变幅油缸的三种布置方式各有特点。由于前倾式所需推力小，并能改善吊臂受力，所以得到普遍应用。

对于挠性变幅机构，要经常检查变幅绳，如不合格则按标准报废。变幅绳中与起重臂端部连接的钢丝绳曾发生过多次断绳事故（俗称千斤绳被拉断）。

（三）回转机构

回转机构是流动式起重机中必不可少的机构，它能使整个回转平台在回转支承装置上做360°的回转。

回转机构通常由原动机通过减速器带动与回转支承装置上的小齿轮来实现回转平台的回转运动。回转机构的制动装置应保证突然制动时所产生的制动惯性力不致使起重机有剧烈的震动，因而其制动力矩不宜过大。

起重机的回转部分是由回转支承装置支承。轮胎式起重机一般多采用转盘式回转支承装置。转盘式回转支承装置有支承滚轮式和滚动轴承式两种。在支承滚轮式回转支承装置中，其回转部分的垂直力和力矩由数对滚轮承受，由锥形滚轮承受垂直力，而由下部的反滚轮来承受倾翻力矩。这种构造加工比较简单，但重量较大，其承载能力也比较大。滚动轴承式的回转支承装置的特点是回转时摩擦阻力矩小、高度低、承载能力大。这样，轮胎式起重机的重心有所降低，使得整台起重机的稳定性能有所改善。

滚动轴承式回转支承装置除滚珠外，还有内滚圈和外滚圈。滚圈可做成整体的，也可以做成上、下两部分的。往往在整体的滚圈上加工出大齿圈，有时候把齿圈做在里面，即采用内啮合的形式。此时齿圈的加工不太方便，但其尺寸紧凑，外形也比较美观。

从安全的角度看，主要是回转支撑装置的安全检查。曾经发生过因连接螺栓拉断而使整个回转部分翻倒的大事故。此外，还要经常检查齿轮，不得有裂纹，也不得有严重的磨损。

（四）行走机构

流动式起重机通常是由发动机经行走机构将所产生的动力传递给驱动车轮的。轮胎式起重机一般采用后轮驱动。

流动式起重机实际上只有一台发动机，其起升、变幅、回转、行走等动作都是由这一台发动机经过不同的传动路线，将其所产生的功率传递到各个部位的。司机操纵相应的离合器，便可获得所需的动作。

三、流动式起重机的稳定性

流动式起重机最严重的事故是“翻车”“折臂”事故，其根本原因是丧失稳定，所以起重机的稳定与安全关系十分密切。

流动式起重机的稳定性可分为行驶状态稳定性和工作状态稳定性。

轮式起重机作业时的稳定性，如图2-14所示，完全由机械的自重来维持，所以有一定的限度，往往在起重机的结构件（如吊臂、支腿等）强度还足够的情况下，整机却由于操作失误和作业条件不好等原因，突然丧失稳定而造成整机倾翻事故。因而轮式起重机的技术条件规定，起重机的稳定系数K不应小于1.15。

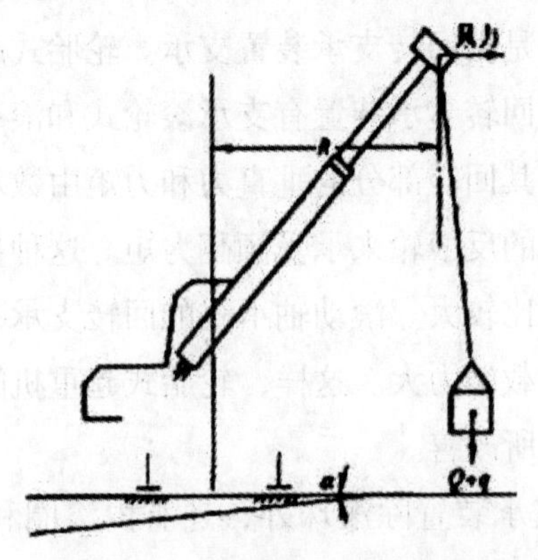

图2-14　轮式起重机的稳定性

轮式起重机在使用时应主要注意以下诸因素对起重机稳定性的不利影响。

（一）载荷变化的影响

工作幅度一定时，载荷变大，对起重机的倾翻力矩也变大。当重物快速下降或用快放落钩而在中途急停时，会产生“超重”和冲击，起重机会失稳，甚至损坏吊臂。

（二）吊臂长度的影响

起重机的伸臂越长或幅度越大，对稳定性越不利。起吊载荷一定时，幅度变大，对起重机的倾翻力矩也变大，盲目增大工作幅度，起重机就会失稳。幅度变大的工况有：

（1）吊臂俯落时，幅度变大。

（2）吊臂伸长时，幅度变大。

（3）吊臂回转时，幅度变大。

特别是液压伸缩臂起重机，当吊臂全伸时，在某一定倾角（使用说明书中有规定）以下，即使不吊载荷，也有倾翻危险；当伸臂较长，并且吊有相应的额定载荷时，吊臂会产生一定的挠曲变形，使实际的工作幅度增大，倾翻力矩也随之增大。

（三）离心力的影响

轮式起重机吊重回转时会产生离心力，使重物向外抛移。重物向外抛移（相当于斜拉）时，通过起升钢丝绳使吊臂端部承受水平力的作用，从而增大倾翻力矩。特别是使用长吊臂时，吊臂端部的速度和离心力都很大，倾翻的危险性也就越大。所以，起重机司机操纵回转时要特别慎重，回转速度不能过快。

（四）起吊方向的影响

起重机的稳定性，随起吊方向不同而不同，不同的起吊方向有不同的额定起重量。一般情况下，起重机后方的稳定性好于侧面的稳定性，当在后方起吊重物回转到侧面时，要注意失稳。

（五）风力的影响

工作状态最大风力，一般规定为6级风，对于长大吊臂，风力的作用很大，从表2-4可以看出风力的影响。从表中可知，随着臂长和风速的增加，风载力矩增加得很快。

表2-4 臂长、风速、风载力矩关系表

臂长/m 风速m•s	10	20	30	相当风级
10	1.8	8	20	5～6
20	7	30	80	7～9
30	15	80	200	10～12

在正常作业中，最大风力为6级，此风力并不是很大，翻车事故主要发生在回转时，没有注意转向顺风（风从起重臂后方吹来）。

（六）坡度的影响

当有坡度时，相当于幅度增大，从而使倾翻力矩增大，“翻车”的危险性也随之增大。

（七）惯性力的影响

起升机构在突然提升时，会产生惯性力；在物品下降突然制动时，也会产生不利于稳定的惯性力。

在操纵时，要避免突然起动。物品下降时，避免突然刹车。以防由于惯性力造成起重机倾翻。

（八）起重机架设的影响

作业场地倾斜或松软会使起重机架设不平，降低稳定性，应使用垫板加强支撑。支腿跨距也影响稳定性，跨距大稳定性好，跨距小稳定性差。因此，作业时应将支腿完全伸出。

（九）其他因素

还有许多因素会影响起重机的稳定性，如吊重时，变幅或伸缩臂操作程序错误，也会造成翻车事故。如在某一工况下，起吊的物品是该工况的允许最大载荷，则不允许伸臂或把吊臂放低（增大幅度），这样会增大倾翻力。超载和斜吊是使起重机发生倾倒的主要原因。

由于机构本身出现故障造成翻车的事故也时有发生。

四、流动式起重机的安全操作

流动式起重机的常见事故是翻车、折臂和触电。这主要是操作人员不了解和违反操作规程引起的。

（一）掌握起重量特性

				−1					
		V							
				—					
							3		

流动式起重机起重量特性通常以两种形式给出，一是起重量特性曲线，二是起重量性能表。在起重机的操纵室内，特性曲线和起重量性能表都用金属铭牌的形式给出。

1.起重量特性曲线

起重量特性曲线通常是根据整机稳定性、结构强度和机构强度三个条件综合绘制的，如图2-15所示。

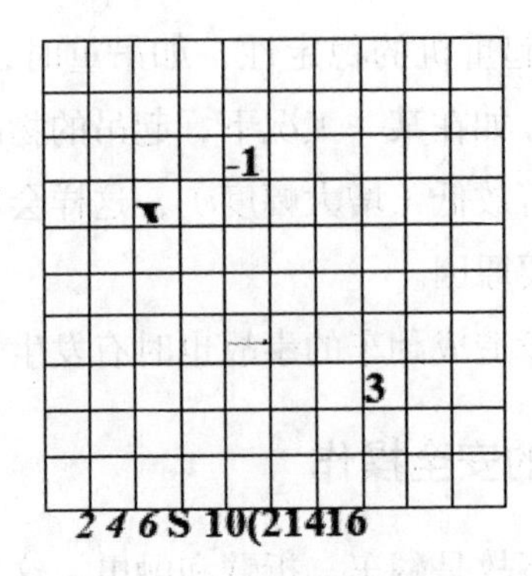

图2-15　起重量特性曲线

1—吊臂8m长的曲线

2—吊臂13.5m长的曲线

3—吊臂19m长的曲线

相应于每一工作臂长有一条特定的曲线，图中所给出的是几条对应于几种标准臂长的曲线，因此应尽量使用标准臂长作业。当不得不用非标准臂长作业时，应选用最接近而又稍短的标准臂长所对应的特性曲线作业。

2.起重量性能表

起重量特性曲线所对应的工作幅度、臂长和起重量以表格形式给出时，称为起重量性能表。如表2-5所示。

表2-5　起重量性能表

长/m	主吊臂工作长度（m）		
	8	13.5	19
4.0	16.00	12.00	
4.5	14.00	10.80	
5.0	12.00	10.00	
5.5	10.05	9.00	6.80
6.0	8.70	8.20	6.30
7.0		6.50	5.70

续表

长/m	主吊臂工作长度（m）		
	8	13.5	19
8.0		5.20	5.00
9.0		4.20	4.20
10.0		3.50	3.50
12.0			2.60
14.0			2.00

性能表比较直观，使用方便。缺点是把起重机的无级性能数值变为有级的数值，难以确切地掌握起重特性。

起重量性能表中粗实线是强度值与稳定性的分界线。粗实线上面的数值是吊臂等强度所限定的起重量；粗实线以下的数值是整机稳定性所限定的数值。因而可以作为起重作业时的综合参考。如起重机的作业状态处于粗实线下面时，应把注意力集中在整机稳定方面。

由于性能表是阶梯形的有级数值，所以，当实际工作幅度处于表中给定的两个数值之间时，应选用最接近的较大幅度值所对应的起重量。如主吊臂长度13.5m，工作幅度7.5m，这时应选用工作幅度8m时所对应的5.2t的起重量。如选用6.5t起重量将会超载，从而导致危险。因此，一定要牢记，上述曲线或表格所规定的起重量是满足其作业条件下的数值。

（二）作业条件

（1）起重机司机必须持证上岗。严禁无证操作和酒后开车。

（2）起重机必须经特种设备检验部门检验合格，取得使用证，并在其有效期内。

（3）起重机的各类限位装置、限制装置齐全有效；制动器、离合器、操纵装置零部件齐全有效；钢丝绳安全状态符合要求。

（4）不得在高压线附近作业，特殊情况下应采取可靠的停电措施，或保持必要的安全距离，见表2-6。雨雾天的安全距离还要适当放大。

表2-6 动臂与电线最小距离

输电线电压（kV）	<1	1~35	>60
最小距离（m）	1.5	3	0.01（V−50）+3

（5）夜间作业应保证良好的照明。

（6）允许工作风力一般规定在6级以下。

（7）在化工区域作业时，应使起重机的工作范围与化工设备保持必要的安全距离。

（8）在易燃易爆区工作时，应按规定办理必要的手续，对起重机的动力装置、电气设备等采取可靠的防火、防爆措施。

（9）在人员杂乱的现场作业时，应设置安全护栏或有专人担负安全警戒任务。

（三）支腿操作

汽车起重机的支腿有蛙式、H式、X式、辐射式等形式。支腿操作时应遵守以下规定：

（1）放支腿前应当了解地面的承压能力，合理选择垫板的材料、面积及接地位置。防止作业时支腿沉陷。

（2）放支腿前注意挂上停车制动器，拔出支腿固定销。

（3）放支腿时应注意规定顺序，一般先放后支腿、再放前支腿。收腿时则顺序相反。

（4）H式支腿起重机不宜架设过高，通常以轮胎离开地面少许为宜。

（5）在架设支腿时应注意观察，使回转支撑基准面处于水平。

（6）如果起重机上车也有发动机，在下车支腿放好后，应将下车发动机熄火，取力器置于空挡位置。

（7）放好支腿后应再次检查垂直支腿的接地情况，不得有三支点现象。

（四）起重作业

1.作业前的检查

检查作业条件是否符合要求。

（1）查看影响起重作业的障碍因素，特别是铁路线或公路线附近的作业更应小心。

（2）检查起重机技术状况，特别注意安全装置工况。

（3）确定起重机的工作装置合乎要求，查看吊钩、钢丝绳及滑轮组的倍率。

（4）松开吊钩，仰起吊臂，低速运转各工作机构。如在冬季，应延长空运转时间，应保证液压起重机的液压油温在15℃以上方可开始工作。

（5）如果起重机装有电子力矩限制器或安全负荷指示器，应对其功能进行检查。

（6）如果设有蓄能器，应检查其压力是否符合规定，利用离合器操纵手柄检查离合器的功能是否正常。

（7）查看配重状态。

（8）观察各部仪表、指示灯是否显示正常。

（9）平稳操纵起升、变幅、伸缩、回转各工作机构及制动踏板，各部功能正常方可进行起重作业。

2.变幅操作

（1）变幅时应注意不得超出安全仰角区。

（2）向下变幅时的停止动作必须平缓。

（3）带载变幅时，要保持物件与起重臂的距离，要防止物件碰触支腿、机体与变幅油缸。

（4）向上变幅可以减少起重力矩，比较安全，向下带载变幅将增大力矩，容易造成翻车事故。

（5）吊臂角度的使用范围，一般为30° ~80° 。除特别情况，尽量不要使用30° 以下的角度。

（6）桁架式吊臂在大仰角起吊较重物品时，如果将重物急速下落，吊臂要反向摆动，会倒向后方，所以在注意吊臂角度的同时，要缓慢下落重物。

3.吊臂伸缩

（1）向外伸出吊臂时应注意防止吊臂超出安全仰角区。

（2）在保证工作需要的基础上，尽量选用较短吊臂工况作业。

（3）必要时吊臂可以带载伸缩，但应遵守重量的规定。

（4）如不属于特殊工况要求，尽量不要带载伸缩。因为带载伸缩会大大缩短伸缩臂间滑块的使用寿命。

（5）在进行吊臂伸缩时，应同时操纵起升机构，注意保持吊钩的安全距离，防止吊钩发生过卷。

（6）同步伸缩起重机，若前节吊臂的行程长于后节吊臂时，则为不安全状态，应予以修正或检修。

（7）对于程序伸缩机构，必须按规定编好程序，才能开始伸缩。

4.起升操作

严格遵守起重操作“十不吊”。

（1）检查滑轮倍率是否合适，配重状态与制动器功能等。对于倍率改变后的滑轮组，需保持吊钩旋转轴与地面垂直。

（2）起吊较重物件时，先将其吊离地面少许，然后查看制动、系物绳、整机稳定性、支腿状况等，发现有可疑情况应放下重物，予以认真检查，起升操作应平稳，绝对不要使机械受到冲击。

（3）在起升过程中，如果感到起重机接近倾翻状态或有其他危险时，应立即将重物降落地面。

（4）即使起重机上装有防过卷装置也要注意防过卷。

（5）起吊物件重量轻、高度大时，可用油门调速及双泵合流等措施提高工效。

（6）安装物件即将就位时，应采取发动机低速运转，单泵供油，节流调速等措施进行微动操作。

（7）空钩时可以采用重力下降以提高工效。在扳动离合器杆之前，应先用脚踩住踏板，防止吊钩突然快速自由下落。

（8）带载重力下降时，带载重量不应超过该工况额定重量的20%，并控制好下降速度，当停止重物下降时，应平稳增加制动力，使重物逐渐减速停止，如果紧急制动，会使吊臂、变幅油缸及卷扬机构受损，甚至造成翻车事故。

（9）当放下重物低于地表面时，要注意卷筒上至少应留有3圈钢丝绳的余量，防止发生反卷事故。

（10）如果卷扬钢丝绳不正确地缠绕在卷筒或滑轮上，切记不可用手挪动，可用金属棒进行调整。

（11）操作者应该清楚地知道起吊物的重量以及吊钩滑轮组的重量。当起吊的物件重量不明，但认为有可能接近于该幅度下的临界起重量时，必须先将重物稍微升起，检查其稳定性，确认安全后，才可将物件吊起。

（12）当起吊的物件在安装就位中需要焊接时，信号员应通知操作者切断电源。

（13）起吊物件的重量不得超过该幅度相对应的额定起重量。

（14）暂时停止作业时，应将所吊物件放回地面。

5.回转操作

（1）在回转作业前，应注意观察在车架上，转台尾部回转半径内是否有人或障碍物；吊臂的运动空间是否有架空线路或其他障碍物。

（2）回转作业时，首先鸣喇叭提醒人们注意，而后解除回转机构的制动或锁定，平稳操纵回转操作杆。

（3）回转速度应缓慢，不得粗暴使用油门加速。严防重物在摆动状态下回转。

（4）当吊物回转到指定位置前，应先缓慢收回操作杆，使物件缓慢停止回转，避免突然制动，使物件产生摆动。

（5）起重物件未完全离开地面前不得回转。

（6）在同一个工作循环中，回转动作应在伸臂动作和向下变幅动作之前进行；而缩臂动作和向上变幅动作亦应在回转动作之前完成。

（7）在起吊较重物件回转前，再次逐个检查支腿工况，这一点特别重要，经常会发生吊臂回转时，因个别支腿发软或地面不良而造成事故。

（8）在起吊较重物件回转时，可在物件两侧系有牵引拉绳，防止重物摆动。

（9）在岸边码头作业时，起重机不得快速回转，防止因惯性力发生落水事故。

（10）履带式起重机作业时的臂杆仰角，一般不超过78°，臂杆的仰角过大，易造成起重机后倾或发生将构件拉斜的现象。

6.履带起重机其他操作规定

（1）起重机应在平坦坚实的地面作业、行走和停放。正常作业时，坡度不得大于3°，并应与沟渠、基坑保持安全距离。

（2）起重机作业后要将臂杆降至40°～60°之间，并转至顺风方向，以减少臂杆的迎风面积，防止遇大风将臂杆吹向后仰，发生翻车和折杆事故。

（3）起重机变幅应缓慢平稳，严禁在起重臂未停稳前变换挡位；当起重机载荷达到额定起重量的90%及以上时，严禁下降起重臂，升降动作应慢速进行，并严禁同时进行两种及以上动作。

（4）履带式起重机自行转移时，每行驶500～1000m时，应对行走机构进行检查和润滑。

第五节 门座式起重机

门座式起重机是一种典型的运行臂架式旋转起重机。门座式起重机因外形像一座门而得名。如图2-16所示。

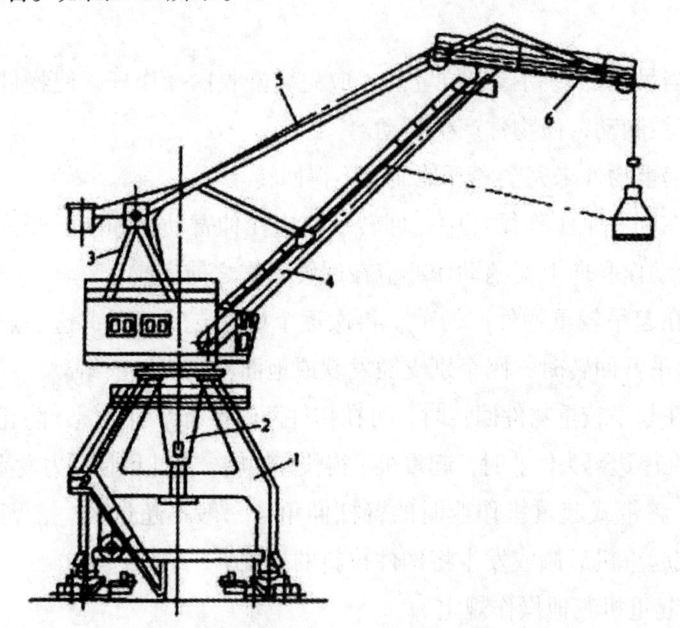

1—门架；2—转柱；3—人字架；4—主臂架；5—刚性拉杆；6—象鼻架

图2-16 门座式起重机

门座式起重机广泛应用于港口、码头货物的机械装卸，造船厂船舶的施工、安装，以及大型水电站工地的建坝工程，是实现生产过程机械化不可缺少的重要设备。

一、门座式起重机的分类和构造

（一）分类

门座式起重机一般按用途进行分类。

1.港口门座式起重机

用于港口、码头装卸作业的起重机，具有比较高的工作速度。

2.港口通用门座式起重机

这类起重机配备有可以更换的吊钩、抓斗等吊具，能满足港口装卸不同种类的件货、散料和集装箱的要求，起重量在整个工作幅度范围内保持不变。

3.带斗门座式起重机

这类起重机在门座上装有漏斗和带式输送机，是用抓斗卸船的门座起重机。

4.集装箱门座式起重机

集装箱门座起重机是用于集装码头、堆场上的专用门座式起重机。

5.船厂门座式起重机

船厂门座式起重机具有比较高大的门座，有比较大的起升高度和起重能力，用于船厂的吊装工作。通常备有两个或多个起重吊钩。此外，在保持起重力矩（起重量×工作幅度）不变的条件下，主钩的起重量应能随工作幅度的变化而变化。工作速度一般比港口用的门座起重机要低，还要考虑安装时的微升降要求。为了满足工件的翻身作业要求，主、副钩可协同工作。

6.电站门座式起重机

电站门座式起重机是专门用于电站建设的门座起重机，具有较大的工作幅度和起重能力，且易于拆卸和拼装，便于转移工地，根据大坝建筑高度、宽度的需要，起升高度在轨面上一般可达30～70m，在轨面下可达100m以上，工作幅度可达50m以上。

此外，港口起重机除门座式起重机外，还包括岸边抓斗卸船机、岸边集装箱起重机（集装箱装卸桥）、港口轮胎起重机及浮式起重机等。

集装箱起重机又可分为H形门架岸边集装箱起重机、A形门架岸边集装箱起重机、集装箱门式起重机、轮胎式集装箱门式起重机等。

（二）构造

门座式起重机按门架结构形式有全门座和半门座两种。半门座是指一侧支撑在地轨道上，另一侧支撑在栈桥（墙壁）上。起重臂的结构形式有刚性拉杆组合臂架、柔性拉索式组合臂架、单臂架系统等。

门座式起重机的构造可分为两大部分，即上旋转部分和下运行部分。

上旋转部分包括臂架系统、人字架、旋转平台和司机室、机器房。机器房内安装有起升机构、变幅机构、旋转机构及电器控制箱。

下运行部分包括门架和运行机构。门架结构形式有：桁架结构门架、混合结构门架、交叉刚架式门架、八撑杆门架、圆筒形门架等。

门座式起重机的构造也可以按结构部分、机构部分、电气部分和安全装置部分进行分类。

1.结构部分

结构部分包括臂架系统、人字架、旋转平台、司机室、门架等。

2.机构部分

机构部分包括起升机构、变幅机构、旋转机构、运行机构。

在门形起重机的机座上，装有起重机的旋转机构，门形机座实际上是起重机的承重部分。门形机座的下面有运行机构，可在地面设置的轨道上行走。在旋转机构的上面还装有起升机构的臂架和变幅机构。四个机构协同工作，可完成设备或船体分段的安装，或者进行货物的装卸作业。

3.电气部分

起重机一般通过电缆卷筒或地沟滑线供电，采用电力直接驱动。只有当电力供应无法解决时，才考虑采用蒸汽发电或柴油发电等复合驱动装置。电气部分一般包括电线电缆、中心集电器、电动机、变压器、电阻器、控制柜、操纵台、照明等。门座式起重机的四大机构一般采用三相感应电动机分别驱动。

4.安全装置部分

安全装置部分包括极限位置限制器、超载限制器、力矩限制器、缓冲器、防风锚固装置等。司机室、机房平台的高度超过20m的大型门座式起重机则应当考虑安装附属的简易电梯。

（三）技术参数

港口门座式起重机基本参数系列见表2-7。

表2-7 港口门座式起重机基本参数

<table>
<tr><th>序号</th><th colspan="2">参数名称</th><th>单位</th><th>参数系列</th></tr>
<tr><td>1</td><td colspan="2">额定起重量</td><td>t</td><td>3、5、10、16、20、25、32、40、63、80、100、125、160</td></tr>
<tr><td rowspan="2">2</td><td rowspan="2">幅度</td><td>最大</td><td rowspan="2">m</td><td>16、20、25、30、35、45、50、60</td></tr>
<tr><td>最小</td><td>6、7、8、9、11、16</td></tr>
<tr><td rowspan="2">3</td><td colspan="2">起升高度</td><td rowspan="2">m</td><td>12、13、15、16、18、19、20、22、25、28、30、40、60</td></tr>
<tr><td colspan="2">下降深度</td><td>8、10、12、15、18、20</td></tr>
<tr><td>4</td><td colspan="2">起升速度</td><td>m/min</td><td>10、20、30、40>、50、60、70</td></tr>
<tr><td>5</td><td colspan="2">变幅速度</td><td>m/min</td><td>20、30、40、50、60</td></tr>
<tr><td>6</td><td colspan="2">回转速度</td><td>r/min</td><td>1.0、1.2、1.3、1.4、1.5、1.6、1.8、2.0</td></tr>
<tr><td>7</td><td colspan="2">运行速度</td><td>m/min</td><td>15、20、25、30、35</td></tr>
<tr><td>8</td><td colspan="2">轨距</td><td>m</td><td>3.36、4.5、6.0、9.0、10.0、10.5、12.0、14.0、16.0、22.0</td></tr>
<tr><td>9</td><td colspan="2">轮距</td><td>m</td><td>80、120、180、200、220、240、250>、300、350、400</td></tr>
</table>

二、门座式起重机的工作机构

（一）起升机构

起升机构由驱动装置、传动装置、钢丝绳卷绕系统、取物装置、制动器及其他安全装置等组成。对于大起升高度的门座式起重机采用如图2-17所示的起升卷绕系统。由于起重臂长，所以需要安装导向滑轮和钢丝绳托辊。

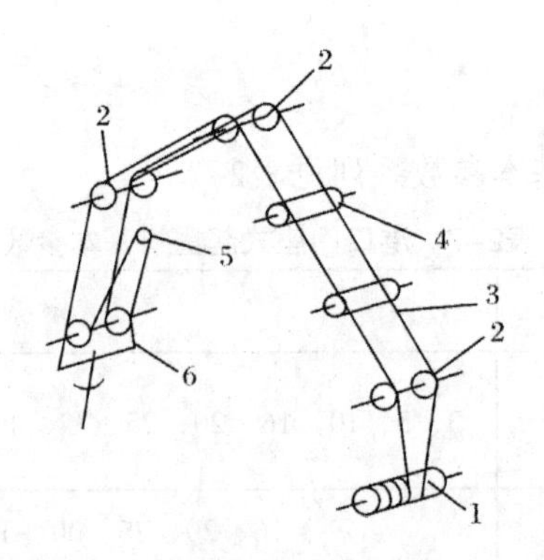

1—卷筒；2—导向滑轮；3—钢丝绳；4—托辊；5—平衡轮；6—动滑轮

图2-17　起升卷绕系统示意图

（二）变幅机构

门座式起重机变幅机构属于带载变幅或称工作性变幅的机构，为提高生产率，一般采用较高的变幅速度。

为尽可能降低变幅机构的驱动功率和提高机构的操作性能，可采用载荷水平位移措施和臂架自重平衡措施。

载荷水平位移措施载荷水平位移是指使吊物在变幅过程中沿水平线或接近水平线的轨迹运动。为达到这一目的，基本上采用补偿滑轮组法和组合臂架法。

（1）补偿滑轮组法这种方法的优点是结构简单，臂架受力好，容易获得较小的幅度。缺点是起升钢丝绳比较长，由于穿绕滑轮多，所以易磨损。在整个变幅过程中并不能严格保证载重做水平移动，因此这种方法多用于小起重量的起重机中。

如图2-18所示为补偿导向滑轮式变幅装置示意图，它是通过摆动杠杆上的导向滑轮实现绳索补偿作用。在变幅过程中，当起重臂端从*A*变化到*A*’时，补偿导向滑轮从*B*移动到*B*’。此时起重臂升高，但由于导向滑轮处放出的钢丝绳补偿这一变化，于是吊钩仍处于同一水平面，即*AB*+*BC*−*A*’*B*’−*B*’*C*=*H*。

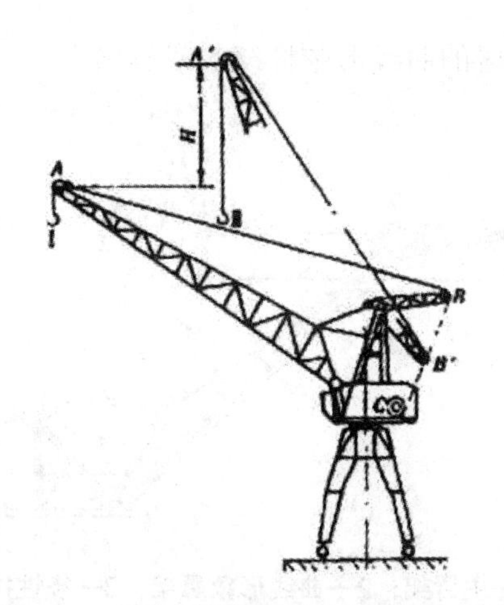

图2-18 补偿导向滑轮式变幅装置示意图

这种方法可用在吊钩起重机、抓斗起重机上。在大起重量的起重机上也有应用。

（2）组合臂架法它是依靠臂架的机构和外形设计，实现在变幅过程中臂端移动轨迹为水平线或接近水平线，以满足在变幅过程中载重水平位移的要求。

①刚性拉杆式组合臂架系统。其原理如图2-19所示。图中，主臂架、象鼻架、拉杆、连同机架OO`，实际上构成了一个平面四连杆机构。只要四连杆尺寸选择合适，当主臂架绕O点转动时，象鼻架的端点就做近似水平线的轨迹运动，从而满足货物水平移动的要求。

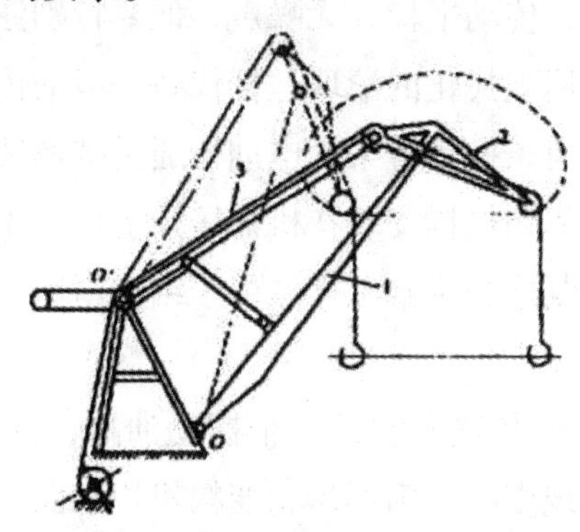

图2-19 刚性拉杆式组合臂架补偿原理图图

②挠性拉索式组合臂架系统其原理如图2-20所示。图中，挠性拉索钢丝绳的下端固定在机架交点O上，而其上端则固定在象鼻架后段的上弦杆上，并可在

变幅过程中沿象鼻架后段的曲线形弦杆绕入或放出。

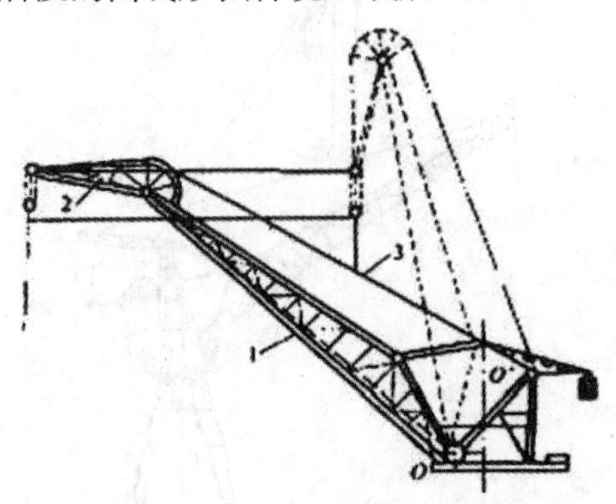

1—主臂架；2—曲线形象鼻架；3—绕性拉索

图2-20　挠性拉索式组合臂架补偿原理图

只要适当设计象鼻架曲线的形状，就可使象鼻架的端点在变幅过程中保持沿水平移动。

2.变幅机构驱动装置

变幅机构驱动装置的种类很多，常见的有螺杆螺母驱动装置、齿条驱动装置、扇形齿轮驱动装置、液压驱动装置等。

螺杆螺母驱动装置是由螺母驱动螺杆，螺杆推动臂架实现变幅的。螺母连同其传动装置均安装在能绕水平轴线摆动的摇架上。螺杆的螺纹多采用双头以上的螺纹。优点是传动比大，传动平稳，无噪声，但要特别注意螺杆的密封和润滑。为提高传动效率，可采用现代化的滚珠丝杆代替一般的传动螺杆。

齿条驱动装置是由齿条推动臂架，电动机通过减速装置后驱动小齿轮，小齿轮与齿条相啮合。整个驱动机构安装在机器房顶上。对于大型起重机，齿条常制成针齿的形式，以简化制造和维修工作。由于结构紧凑，在工作性变幅机构中应用较广。

此外，还有液压驱动装置，它是一个摆动油缸，其活塞杆的端部与臂架连接，靠液压缸活塞杆实现变幅。扇形齿轮变幅机构和曲柄连杆变幅机构在现代起重机中应用不多。

为减缓变幅起动和制动时的冲击，并消除振动，在机构与臂架间要安装缓冲器，有橡胶缓冲器和液压弹簧缓冲器两种。液压弹簧缓冲器具有较好的吸收振动能量的阻压性能。可通过调整活塞两侧节流阀的开度获得不同的阻压。通过橡胶变形和液压油的节流发热还能吸收部分冲击动能，起消振作用。为限制臂架的变幅行程，应装设限位开关。

（三）旋转机构

门座式起重机一般都采用齿圈式旋转传动机构，通常驱动装置安装在旋转部分上，驱动机构的小齿轮与固定的门架上的大齿圈相啃合。小齿轮绕齿圈转动，实现起重机的旋转运动。

为保护摩擦面，使摩擦系数保持稳定，最好将摩擦面浸在油里，或用油泵供油进行润滑。有的门座式起重机为了减少旋转惯性力和冲击，还装有弹簧缓冲器。

（四）运行机构

运行机构包括运行支承装置、运行驱动装置和安全装置，属于非工作机构。

支承装置包括均衡梁、车轮、锁轴等；驱动装置包括电动机、制动器、减速器；运行机构安全装置包括夹轨器、缓冲器以及限位开关。

其安全技术要求有以下几点：

（1）门座式起重机不能带载运行。

（2）门座式起重机运行制动时间通常为6～8s，过短会产生强大的惯性力而使整机振动。

（3）经常检查制动电磁铁，以防传动杠杆卡死、螺栓松动或线圈受潮。如用液压电磁铁，则应经常检查液压油是否充足、是否有泄漏现象。

三、门座式起重机的稳定性

对于具有变幅机构的起重机来讲，都有在自重和起吊载荷作用下产生的倾翻事故的可能。就发生倾翻事故的可能性来讲，塔式起重机的倾翻事故最多，然后是轮胎式起重机，门座式起重机也存在倾翻事故。起重机抗拒自重和起吊载荷作用产生倾翻的能力，叫作起重机的稳定性。

门座式起重机在工作状态下的稳定性，即起吊载荷作用下的稳定性叫作载重稳定性。而在非工作状态下的稳定性，即在自重下的稳定性叫作自重稳定性。不论是哪一种稳定性，都是以相对于倾覆边的复原力矩与倾覆力矩的比值来表示稳定性的大小的，称之为稳定性安全系数。

（一）载重稳定性

载重稳定性的验算应以起吊额定载荷、臂架处于最大幅度并垂直于运行轨道的情况，再考虑路轨高度不一致时坡度对稳定性处于不利时的条件下进行。

除了上述条件外，还应考虑风力自臂架后方吹来的影响。再加上吊钩起升和机身旋转所产生的惯性力的影响。一般来说，只有自重力矩能使起重机稳定。不论是设计还是使用时，都必须使起重机的自重稳定力矩大于倾覆力矩。这两个力矩的比值应大于1.4。

要保证不倾覆，起重机所吊的货物重量不能超过额定起重量，轨道坡度不能超过2°，起升速度和旋转速度都不能超过该起重机的技术性能参数。

（二）自重稳定性

门座式起重机的自重稳定性应以臂架幅度最小，两根轨道高低不平，臂架处于垂直于轨道的位置，以及最大风力从前方吹来的最不利条件进行检验。

由于起重机处于静止状态，因此，稳定性安全系数K的计算就比载重稳定性的计算简单得多。这时倾覆力矩仅由风力产生。此时自重稳定性安全系数K的值是1.15。

当稳定性安全系数不能满足国家标准GB3811《起重机设计规范》的规定时，一般可以采取两种办法。

一种是增加配重，这种办法对结构、基础、轮压等方面都是不利的，因此一般不过多地增加配重。

还有一种办法就是彻底修改设计参数，如对起重量、幅度等数值进行修改，或增大轨距或轮距的数值，使稳定性得到改善。

四、门座式起重机的安全管理和安全操作

（一）门座式起重机的安全管理

门座式起重机常受风灾袭击，严重的会造成起重机出轨倾翻事故。

在作业前，必须了解气象情报、船舶进出港时间、装卸泊位等情况。然后检查起升、变幅、旋转机构的工作情况；锚固装置、夹轨器的工作状态是否完好。

还应注意在工作过程中起重臂不应与船舶相碰（如船上瞭望塔、桅杆等），以便当船舶靠岸时，起重机能退到安全地点。

在作业中，要注意海潮变化和货物对船体吃水线的影响。根据这些情况调整起重机的作业状态。在作业过程中若遇到刮起大风时，应马上停止作业，采取锚固措施。当风速达到30m/s时，必须可靠锚固。行走电动机在风速为16m/s时应具有行走的能力，把起重机开到安全地点。

风速报警器应在风速为20m/s时报警。在因风而停止作业时，要把起重臂转向顺风方向。起重机之间应留有安全距离。

风暴过后，要检查：轨道是否有弯曲、下陷等损坏；起重机金属结构是否有裂纹；配电线是否漏电；钢丝绳是否损伤。

如某港10t门座式起重机受台风袭击，出轨机毁。当时风速为45m/s，风向由西向北。狂风过后，5号机两支腿从运行小车上掉下来，另外两支腿扭转，车轮出轨。6号门机被吹走十多米，防风铁鞋毁坏。

门座式起重机金属结构要经常检查，防止焊缝出现开焊和裂纹现象。

如某港口15t门座式起重机拉杆折断，这是由于拉杆中部下翼缘板的对接焊缝质量不良，加上工作频繁，动载大，振动十分严重，在使用中逐步开焊，最后导致折断。

又如，某港口有门座式起重机57台（M10-25型门座式起重机），使用8000～13000h后出现开焊和断裂现象，57台门座式起重机都不同程度出现了裂纹和开焊现象。

产生裂纹的主要部位有象鼻梁下弦杆、平衡梁小拉杆、平衡梁座、人字梁、变幅油缸支座、支撑环、转柱、门腿及运行台车平衡梁。

根据经验，开焊和裂纹有以下规律：

（1）每年冬末春初易产生裂纹。

（2）截面发生突变的主要受力部位易产生裂纹。

（3）焊缝比较集中的部位易开焊。

（4）回转机构起动、制动惯性力是象鼻梁、人字架、平衡梁系统损坏的主要原因。

（5）超负荷、甩钩等违章作业极易使金属结构损坏。

（二）门座起重机的安全操作

门座起重机的常见事故多是由误操作造成的，如起升或下降货物时，未对准预定部位，使托盘撞击或挂及舱口甲板，造成斜吊，引起全机剧烈振动；或由于起升或下降货物速度掌握不当，回旋或变幅速度过高，都会导致货物急剧摇摆，甚至伤及人和物，造成事故。因此，全部作业过程中，作业人员除遵守起重机械一般安全技术规程外，还应注意如下安全事项。

1.作业前准备工作

（1）检查并清除轨道上的杂物、油污、积雪等，松开行走机构的夹轨器及锚定装置。

（2）检查电缆线放置是否安全。

（3）检查钢线绳、吊钩、抓斗等吊索具的完好情况。

（4）检查各机构的润滑情况。

（5）检查各机构制动器、联轴器、连接螺栓、销钉等是否安全可靠。

（6）检查液压传动构件的阀件、泵体、高压软管和各油管接头处是否漏油。

（7）检查各控制手柄，确认都处于零位后，方可推上各分电开关。

（8）进行空转试车，在一切正常的情况下，方可正式生产作业。

2.作业中的安全操作

（1）司机在操作前先查看机下情况，确认安全后，发出开车信号，在指挥人员的指挥下，将大车开至作业区段，断开行走驱动回路，抓斗或吊具停在作业区上方。

（2）司机必须严格按照指挥信号操作。多人干活时，司机应只服从事先指定的专人指挥，不得擅自操作；但遇到紧急情况时，任何人发出紧急停车信号，都必须立即停止操作。

（3）在起吊第一钩货物时，先要试吊，检查起升制动器是否灵敏可靠。

（4）起吊货物前要认清货物行走路线，货物要离开一般物体2m以上，离开电线4m以上，起吊货物不许从人或重要设备的上方通过。

（5）起重机旋转时，要与货物、设备保持安全距离以防碰撞。

（6）严禁超负荷起吊，严禁吊、拉被压住的货物。

（7）作业中在起吊货物未放下时，司机不准离开岗位，如遇中途停电，必须将控制器放回零位。如停电时间较长，应将货物利用制动器缓慢放下。

（8）作业中发现起重机有异常现象，必须立即停车检查，找出故障原因并排除故障，方可开车。

（9）吊运长大笨重货物，速度要慢，货物两端应用绳索牵拉，防止碰撞、偏摆。

（10）电动机工作温度如超过允许值应停机，待温度降到允许值后方可继续作业。

（11）用两台起重机同时吊装一件物品时，应事先商定工作步骤和安全措施，两台起重机的相应机构动作应同步，要缓慢操作。

（12）当风力大于7级时，必须停止工作，将起重机开往指定地点，并采取相应的安全措施。

3.作业结束后应做的工作

（1）将吊钩或吊具升至靠近上极限位置，若使用抓斗时，应将抓斗放在不妨碍港口机械通行的地面，并且放稳。将起重臂收到幅度最小位置。

（2）离开机械前，应切断各机构电源和总电源，旋紧旋转机构制动器手轮。

（3）紧固防风夹轨器等防风装置或锚固装置。

（4）按要求认真做好维护保养工作。

（5）认真填写运行记录，操作中的隐患、故障及存在的问题，一定要填写清楚，并当面将有关问题向接班者交代清楚。

第六节　机械式停车设备

机械式停车设备作为起重机械中的一个重要类别，是一种因设备本身和外在因素的影响容易发生事故，并且一旦发生事故就会造成人身伤亡及重大经济损失的危险性较大的设备因此，被认定为特种设备。本章重点介绍机械式停车设备的使用管理、操作方法及维修保养的相关知识。

一、机械式停车设备的使用管理要求

（一）使用单位新增并投入使用的机械式停车设备应符合国家有关法规和强制性标准的要求

机械式停车设备的施工单位应对设备的质量和安全技术性能进行自检合格并出具自检报告后，方能交付使用单位，由使用单位向规定的特种设备监督检验机构申请验收检验，经检验合格者，颁发《特种设备使用标志》。施工单位应将使用说明书、产品合格证、检验报告等技术文件和资料移交给使用单位存入设备技术档案。

使用单位还应到所在地区特种设备安全监察机构办理注册登记手续，经注册登记后方可使用。

（二）机械式停车设备使用单位应将“特种设备使用标志”固定在设备的明显可见的位置上

标志超过有效期不得使用。在用机械式停车设备实行安全技术性能定期检验制度，周期为每两年一次，使用单位应严格执行定期报检制度，按时申请定期检验，及时更换“特种设备使用标志”中的有关内容。

（三）使用单位应指定专人负责机械式停车设备的安全管理工作，安全管理人员应掌握相关的安全技术知识，熟悉有关法规和标准，并履行以下职责

（1）检查和纠正设备使用中的违章行为；

（2）管理设备技术档案；

（3）编制常规检查计划并组织落实；

（4）编制定期检验计划并落实定期检验的报检工作；

（5）组织紧急救援演习；

（6）组织设备作业人员的培训工作。

（四）使用单位应制定以岗位责任制为核心的停车设备安全管理制度，并严格遵照执行

安全管理制度至少应包括：

（1）各种相关人员的职责；

（2）操作人员守则；

（3）安全操作规程：

（4）常规检查制度；

（5）维修保养制度；

（6）定期报检制度；

（7）作业人员及相关人员的培训考核制度；

（8）意外事件和事故的紧急救援措施及紧急救援演习制度；

（9）技术档案管理制度。

（五）使用单位应建立完整、准确的停车设备技术档案，并长期保存，使用单位变更时，应随机移送技术档案，其内容至少应包括

《特种设备注册登记表》：

（1）设备及其部件的出厂随机文件；

（2）安装、大修、改造的记录及其验收资料；

（3）运行使用、维修保养和常规检查的记录：

（4）验收检验报告与定期检验报告；

（5）设备故障与事故的记录。

（六）停车设备的管理人员、操作人员应接受专业的安全技术培训，并经考核合格，取得市场监督管理局行政部门颁发的《特种设备作业人员证》后，方能从事相应的工作

操作人员应遵守下列原则：

（1）不允许酒后操作设备；

（2）设备运行前首先应进行安全确认；

（3）明确告知存车人在安全方面应遵守的注意事项。

二、机械式停车设备操作中的注意事项

（1）首先应确认停放车辆的长度、宽度、高度和重量是否符合该停车设备允许停放的范围。

（2）停车设备在操作前如发现警示灯处于闪烁状态，则表示该设备正在使用中，应稍后再进行操作。

（3）车辆在进入停车设备之前，应请乘客先下车，并将车辆的天线、顶灯等收起来，如果车辆的后视镜宽度大于停车位宽度，应把后视镜收折起来。

（4）车辆在进入停车设备之前，应在车道上将车辆对准停车位后再行驶入，车辆应停在载车板上的正确位置。

（5）在停车设备的出入口明显位置标出存车人应遵守的安全注意事项，必要时操作人员应以口头方式传达给存车人。

（6）车辆停好后，应确认车门已关紧，同时应拉好手刹。

（7）车辆停好后，如蜂鸣器连续发出响声，可能是车辆未完全驶入停车位，或车辆长度超过容许范围，应重新确认将车辆完全驶入，超长车辆不得停放。

（8）除驾驶员外，其他人员不得进入停车设备。车辆停放好后，驾驶员应立即离开，操作人员在启动停车设备之前应确认其附近及内部没有可能引起事故的人和物；车辆是否停放到正确位置以及没有其他不安全因素的存在。

（9）停车设备在运行过程中，操作人员应随时注意设备的运行状况，如遇到紧急情况或突发故障时，应立即按下紧急停止开关，待排除故障后才能重新启动设备。

（10）当停车设备发生故障无法使用时，应立即与维修保养单位联系，由专业人员来排除故障，进行维修。

（11）停车设备内不得进行车辆维修、清洁等作业。停车设备在进行维修保养或清洁时，应切断电源，并挂出“暂停使用”的告示牌。

（12）停放的车辆不得携带易燃易爆等危险物品。车辆停放后存车人不要去拿取车中存放的物品。

（13）人车共乘的停车设备（如汽车升降机等）在运行过程中突然停止，存车人应使用搬运器内的通信或报警装置与管理人员联系，等待救助，而不应自行走出车外，以免发生事故。

（14）停车设备一旦发生事故，应立即使设备停止运行，采取有效的应急措施，保护好事故现场，并报告有关主管部门。

三、机械式停车设备的操作方法

机械式停车设备的操作可分为自动和手动两种方式，一般情况下采用自动操作方式，必要时也可采用手动操作方式（一般在维修保养时或发生故障时采用这种方式），无论是自动还手动操作方式，一旦设备在运行过程中出现不安全因素，保护电路都会使设备立即停止运行。控制柜和操作装置的操作面板如图2-11、图2-12所示。

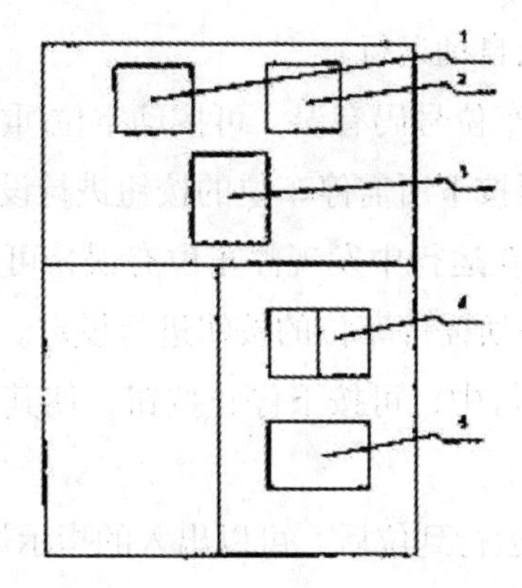

1.电源指示灯（绿）；2.工作指示灯（红）；3.自动-手动选择开关；4.停车位选择开关；5.手动操作开关；

图2-11 控制柜的操作面板

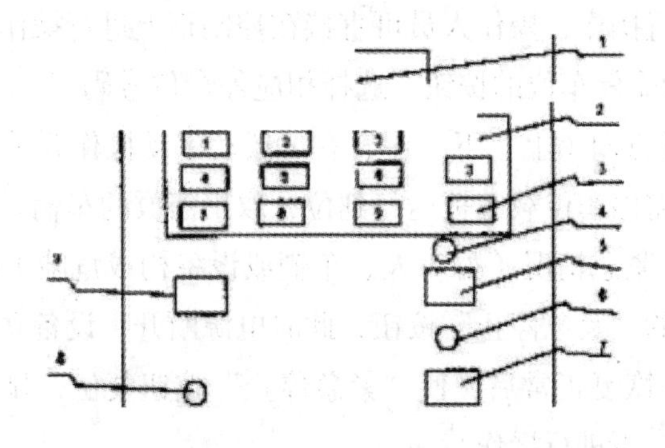

6.停车位选择开关；7.手动操作开关

图2-12 操作装置的操作面板

在操作停车设备时，首先合上总的电源开关，控制柜上的电源指示灯（绿色）亮起，然后在操作装置上接通操作开关，控制柜上的工作指示灯（红色）亮起，停车设备即处于可操作状态。

（一）自动操作方式

（1）把控制柜上的手动和自动选择开关打到“自动”位置，操作装置上就会提示可以进行操作。

（2）按下所需停车位的按钮，显示器即会显示出该停车位的号码。

（3）当显示的停车位号码确认无误后，按下运行按钮，待运行指示灯（绿色）亮起，停车设备开始自动运行。

（4）如果所显示停车位号码有误，可按动空位/重设按钮，显示器就会提示可以进行操作的内容，再按下所需停车位的按钮进行设定。

（5）如果停车设备在运行中发现停车位有误，可按动停止按钮，待停止指示灯的红色亮起，再按下所需停车位的按钮进行设定。

（6）停车设备在运行中，可按下停止按钮，使其停止运行，再按下运行按钮即可继续运行。

（7）当所需载车板运行到位后，可以出入的指示灯亮起，车辆便可出入。

（二）手动操作方式

（1）把控制柜上的手动自动选择开关打到“手动”位置，此时操作装置上就会提示可以进行操作，操作人员可直接在控制柜上进行操作。

（2）按下所需停车位的按钮，选择相应停车位号码。

（3）按运行方向（上、下、左、右）扳动手动操作开关，逐个停车位进行调动，最终使所需停车位载车板运行到位，取出停放的车辆。

（4）在发生紧急情况（如对人、车辆或设备构成危险）时，操作人员应迅速按下单独设置的“紧急停止”按钮，此时电源断开，设备立即停止运行。

（5）在设备恢复正常后，使“紧急停止”按钮复位，显示器重新显示可以进行操作的内容，再进行操作。

（三）自动操作中的故障及处理方法

停车设备在自动运行中，出现以下故障时，设备运行就会立即停止，并发出报警声。显示器显示出相应的故障内容，运行指示灯熄灭，停止指示灯亮起。在处理故障前，可先按下停止按钮，使报警声停止。

故障内容及处理方法见表2-8。

表2-8 故障内容及处理方法

故障内容	处理方法
调动停车位，停止车辆出入	运行时发现无空停车位，应将车辆开走后，才能重新设定。
有人出入	设备在运行时，有人或车辆进入。当人或车辆退出后，按运行按钮即可继续运行。
紧急停止按钮未复位	紧急停止开关动作、电源断相或相序接反。如果紧急停止按钮未复位，应手动复位，再重新设定。 如果紧急停止开关未动作，说明电源断相或相序接反，应排除后，再重新启动设备。
车辆超长	车辆超长。将超长车辆开走后，停车位就能自行设定。
防坠落装置故障	防坠落装置的动作故障。调整后，按下运行按钮，停车位继续运行。
载车板冲顶	载车板上限位开关失灵。应将操作方式调换到手动，放下载车板，排除故障后，再调换到自动操作方式。

四、机械式停车设备的检查和维修保养

（一）使用单位应严格执行停车设备的年检、月检和日检等常规检查制度

发现有异常情况时，应及时处理，排除缺陷和事故隐患，严禁带故障运行。检查可根据设备的工作频繁程度等具体情况进行，但内容至少包括以下各项。

1.在用停车设备，每年至少应进行一次全面检查，一般包括

（1）日检、月检的所有检查项目；

（2）金属结构的变形、裂纹、腐蚀及焊缝、铆钉、螺栓等的连接情况；

（3）主要零部件的磨损、裂纹、变形等情况；

（4）指示装置的可靠性和精度；

（5）动力系统和控制装置等；

（6）对人车共乘方式停车设备，必要时要进行载荷试验；

（7）按额定速度进行起升、运行、回转等机构的安全技术性能检查。

2.月检至少应检查的项目

（1）各种安全防护装置是否有效；

（2）动力装置、传动和制动系统是否正常；

（3）润滑油量是否足够；

（4）钢丝绳、链条及吊辅具等有无超过标准的损伤：

（5）控制电路与电气元件是否正常。

3.日检至少应检查的项目

（1）运行、制动等操作指令是否有效；

（2）运行是否正常，有无异常的振动、发热或噪声；

（3）安全防护装置动作是否良好。

4.具体检查项目和内容

可根据产品说明书的要求以及各项标准规定的主要检查内容，结合停车设备的使用实际情况，列成检查表格形式，以便逐项检查，并记录检查结果，填写检查人员和日期。每次检查都应做好详细记录，并存档备查。

（二）使用单位应严格执行停车设备的维修保养制度，明确维修保养者的责任，对设备定期进行维修保养

（1）维修保养单位应具备由市场监督行政部门颁发的《特种设备安装、维修保养许可证书》，与使用单位签订维修保养合同，并对维修保养的质量和安全技术性能负责。

（2）维修保养工作应由经过专门培训和考核，并持有《特种设备作业人员证》的人员进行，人员数量应与工作量相适应。

（3）停车设备如遇到遭受可能影响安全性能的灾害（火灾、水淹、地震、雷击、大风等）；发生设备事故；停用一年以上等情况，在重新使用前，承担维修保养的单位应对其进行全面检查和维修保养，消除安全隐患后，方可投入使用。

（4）停车设备或其零部件，达到或超过执行标准或技术规程规定的寿命期限后应予报废处理。设备报废后，使用单位应向该设备的注册登记机构告知，办理注销手续。

（三）维修保养的注意事项

（1）停车设备作为起重机械，在日常运行中一旦发现不正常状况，应立即停止使用，由专业人员进行检修，当完全恢复正常后，才能继续使用。

（2）停车设备在检查、维修保养过程中应严格执行各项安全操作规程，采取各种有效的安全防护措施，落实安全责任制。

（3）维修保养人员应持证上岗，进入现场应穿戴好个人劳动防护用品（如安全帽、安全带、工作服、工作鞋等）。

（4）在检修设备时，要充分考虑到可能发生的各种危险情况。开始作业前，应先切断电源，以防止误操作。

（5）停车设备的每次检查和维修保养都应做好书面记录，如发现重要问题要及时向有关主管部门或人员报告。

（6）在高处进行检查和维修保养作业时应根据高处作业的安全规程，采取安全防护措施，并配备通信联络手段，有专门人员进行监护。

（7）停车设备的安全防护装置应作为检查和维修保养的重点，更换的零部件应能达到原零部件的安全性能要求。

（8）检查和维修保养的作业现场应采取必要的安全隔离措施，并设置安全标志牌。

（四）维修保养的一般项目

机械式停车设备应进行经常性的维修保养，一般情况为每月一次，以便及时发现故障，消除隐患，保证设备能安全可靠地运行。

机械部分和电气部分的维修保养项目分别见表2–9和表2–10。

表2-9 停车设备机械部分的维修保养项目

维修保养项目	维修保养内容	处理方法
运转情况	启动和停止动作是否正确有效； 转动部件运转声音是否正常； 各种运动部件是否灵活。	操作按钮检查，判断是机械或电气控制故障，进行修理； 耳听，找出异常声音的原因，对症处理； 手试，对症处理。
升降载车板	各连接部位的螺栓、防松销是否松动、缺损； 平衡链是否磨损、松弛或缺油； 链轮是否磨损，转动是否正常、灵活； 升降载车板定位轮是否磨损；转动是否正常、灵活； 导向轮和导轨是否平整、磨损； 润滑是否良好； 焊缝是否有缺陷。	检查，紧固，补缺； 添加润滑脂；张紧或更换零件； 手试，必要时拆洗或更换； 观察，修正； 检查重焊或补焊。
横移载车板	各连接部位的螺栓、防松销是否松动、缺损； 横移载车转动是否灵活，有无卡阻现象、磨损、裂缝等； 轨道是否平整； 螺栓是否松动； 焊缝是否有缺陷。	检查，坚固，补缺。 观察、耳听，找出原因；拆洗或更换。 观察，磨损大于2mm更换。 检查，重焊或补焊。
提升部分	各连接部分的螺栓、防松销是否松动、缺损； 钢丝绳是否润滑良好； 有无锈蚀、变形、毛刺或断股等； 钢丝绳子端部压板螺栓是否松动、缺损； 设备运转时，钢丝绳是否有滑槽、跳槽与固定件摩擦等现象； 当载车板到底时，钢丝绳是否松弛； 卷筒是否有磨损、裂缝、缺损等； 传动链和链轮是否润滑良好； 有无磨损、缺陷； 张紧度是否合适； 运转时声音是否正常。	检查，坚固，补缺。 观察，涂润滑脂；更换钢丝绳。 检查坚固、补缺。 观察，调整绳挡板；对症处理。 观察，张紧钢丝绳。 观察，绳槽磨损大于3mm更换。 检查，涂润滑脂，调整或更换。 耳听，对症处理。

续表

维修保养项目	维修保养内容	处理方法
防坠落安全钩	各连接部位的螺栓、防松销是否松动、缺损； 开闭位置是否正确；左右是否对称； 动作是否灵活； 有无卡阻现象； 挂钩是否磨损； 焊缝是否良好。	检查，坚固、补缺。 手试，找出原因；对症处理。 磨损大于2mm更换；焊缝重焊或补焊。
减速器	运转是否正常有无异常声响； 制动状态是否正常； 制动片是否磨损； 减速器是否润滑良好； 是否漏油。	耳听，分析原因，对症处理； 检查，调整制动扭矩； 磨损大于2mm更换； 观察，补漏、添加润滑剂。
各种轮系	轮系（如链轮、滑轮、平衡轮、导向轮、定位轮等）是否润滑良好； 是否有磨损、缺损、裂缝等； 转动是否灵活，有无卡阻和异常声响。	观察，涂润滑脂； 磨损大于2mm更换。

表2-10　停车设备电气部分的维修保养项目

维修保养项目	维修保养内容	处理方法
操作装置	操作开关的动作是否灵敏、可靠； 所有按钮是否接触良好； 指示灯是否完好； 停车位是否完好； 停车位和故障信号是否正确； 接插件的接触是否可靠。	手动试验；更换。 测试：如损坏更换。 测试：修复或更换。 修复或更换 测试：接触不良更换。
控制矩	指示灯是否完好； 漏电保护器动作是否灵敏； 熔断器是否符合要求，接触器是否良好； 接触器、继电器触点是否完好； 可编程序控制器通风散热状况； 输入输出端子连接是否良好； 电源开关、操作开关的接触是否良好； 所有接线端子连接是否良好； 保护接地是否可靠有效。	测试：修复或更换。 试验：检查换新。 检查拧紧或更换。 检查：整修或换新。对症处理。 检修或更换。螺钉紧固。测试：重新连接。

续表

维修保养项目	维修保养内容	处理方法
电动机	电动机运转时是否有异常声响； 电动机是否过热； 制动器制动件能是否良好。	耳听：判断原因、对症处理。 测试：排除故障。 观察：调整或换新。
安全装置	各限位开关动作是否正确可靠； 限位开关机构拉块位置是否正确； 光电开关动作是否灵敏可靠； 安全钩、电磁铁动作是否正确灵活； 车辆进出指示、警示装置是否良好； 故障显示是否正确完好。	目测、手试：调整或换新。 检查：坚固或调整。 试验：调整或换新。 手试和通电试验；调整。 目测：拧紧或更换。 对症处理。

另外，减速器、轴承以及链条、钢丝绳、导轨等零部件应按产品使用说明书的要求定期进行加油、换油或润滑，使用的油品、润滑脂等应符合规定。

第七节　塔式起重机

塔式起重机（图2-13）常用于房屋建筑和工厂设备安装等场所，具有适用范围广、回转半径大、起升高度高、幅度利用率高（可达80%，一般轮胎起重机的幅度利用率只有50%）、操作简便等特点。特别是对高层建筑施工来说，更是一种不可缺少的重要施工机械。

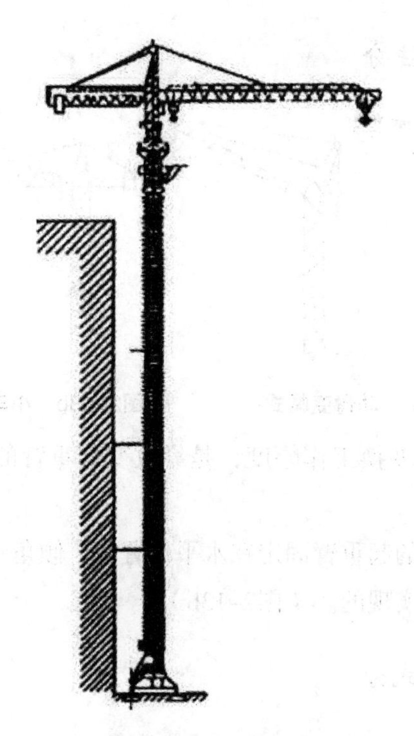

图2-13　塔式起重机

塔式起重机的起升高度一般为40～60m，最大的甚至超过200m，一般可在20～50m的旋转半径范围内吊运构件和工作物。近年来，4000kNm以上的大型塔式起重机也得到了迅速发展，K1000型塔机最大幅度达100m，在82m幅度时的起重量达120t。随着建筑业的不断发展，塔式起重机还会有更大的发展。

一、塔式起重机的分类

（一）按旋转方式分

上旋式塔身不旋转，在塔顶上安装可旋转的起重臂，对侧有平衡臂。

下旋式塔身与起重臂一起旋转，起重臂固定在塔顶，平衡重及旋转机构均布置在塔身下部。

（二）按变幅方法分

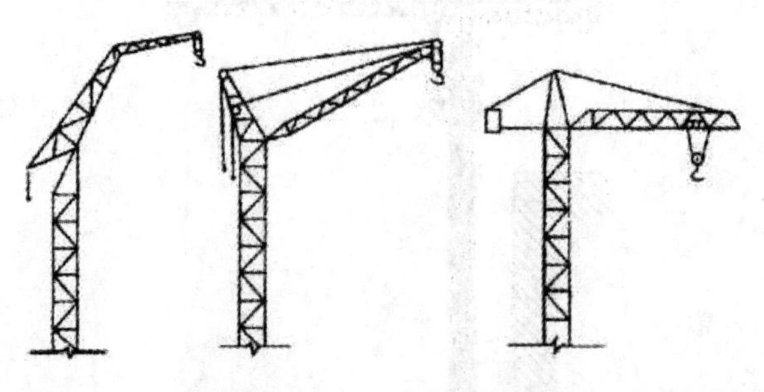

图2-13a　动臂变幅式　　　　图2-13b　小车运行式

动臂变幅式起重机变换工作幅度，是靠改变起重臂的倾角来实现的。（图2-13a）

小车运行式起重机的起重臂固定在水平位置上，倾角不变，变幅是通过起重臂上的起重小车运行来实现的。（图2-13b）

（三）按支撑方式分

1.固定式

用连接件将塔身固定在地基上。

2.移动式

（1）轨道式起重机通过车轮在轨道上运行。

（2）轮胎式采用专门的轮胎底盘作为运行底盘。只有在使用支腿时才能进行起重作业。

（3）汽车式以汽车底盘作为运行底盘，不能带载行驶。

（4）履带式以履带底盘作为运行底盘，通常由履带起重机改装。

3.自升式

（1）附着式通过附着装置将塔身与建筑物连接起来，提高起重机的承载能力。

（2）内爬式通常将塔式起重机安装在建筑物的电梯井内，通过爬升装置使起重机随着建筑物的升高而爬升。

（四）按起重量分

（1）轻型起重量在0.5～3t，适用于一般五层以下住宅楼施工。

（2）中型起重量在3～15t，适用于一般工业建筑安装工程和高层建筑施工。

（3）重型起重量在75t以上，用于重型工业厂房及高炉设备安装。

二、塔式起重机的组成

塔式起重机主要由工作机构、金属结构、电气传动与控制三个部分组成。

工作机构部分主要包括起升机构、变幅机构、旋转机构和行走机构，另外，自升式塔机还有顶升机构；

金属结构部分主要包括起重臂、塔身、转台和底架等；

电气传动与控制部分主要包括电动机、控制屏及控制器、电气安全装置等。

三、塔式起重机的安全防护装置

塔式起重机常用的安全防护装置一般有以下几种：

（1）动作保护装置：起重载荷限制器、起重力矩限制器、极限力矩联轴器、风向风速仪、行程限位装置、防风夹轨器、缓冲器及车轮架的防护挡板等。

（2）电气保护装置：零位保护、过电流继电器、紧急开关、熔断保护及电源指示装置等。

（3）建设部还明文规定："塔式起重机必须安装行程、吊臂变幅、吊钩高度、超载等限位装置和吊钩、卷筒保险装置。"简称"四限位""两保险"。

四、塔机常见事故原因分析

塔式起重机由于塔身高、稳定性差，容易发生折臂和倒塌事故。常见事故原因主要有以下几种：

（1）超负荷起吊；

（2）斜吊；

（3）风载荷；

（4）机上、机下信号不一致；

（5）机件失修；

（6）安全装置失灵；

（7）地基下沉；

（8）其他原因。

五、塔式起重机安全操作规程

（一）对塔机司机的要求

（1）符合起重司机条件，持证上岗。

（2）定机、定人、定岗、定指挥。

（3）严禁酒后工作。

（4）严格遵守安全操作规程。

（二）作业环境的要求

（1）作业前，必须对工作现场的周围环境、回转范围、架空高压线、建构筑物、构件重量和分布、作业人员的分布等情况进行全面了解。

（2）遇到六级以上大风或大雪、大雾等恶劣天气时，应停止作业。

（3）使用环境温度一般为-20℃～40℃。

（4）臂架与架空高压线之间保持安全距离。

（三）作业前的安全检查

（1）清除回转、行走和升降部位的阻碍物。

（2）各齿轮箱、液压油箱的油位应符合标准。按润滑制度的规定，做好润滑工作。

（3）调整电气设备，使之符合要求。

（4）紧固各部位连接螺栓。

（5）钢丝绳的检查和更换标准：

①工作时，卷扬机上的钢丝绳必须保留规定的安全圈。

②必须检查钢丝绳接头和钢丝绳与卡子接合的牢固情况。钢丝绳端部的固定应符合要求。

③按钢丝绳的报废标准更换钢丝绳。

（6）合上电源开关后，必须用电笔检查塔吊机体，确定不带电时，方可登上塔机。

（7）合上操作台主开关前，所有控制器应在零位。

（8）认真检查安全装置，确保齐全、可靠。

（9）正式作业前，司机要开空车试运转，确认各机构均正常后，才可进行工作。

（四）作业中的安全操作

（1）司机与相配合的起重人员，应按照规定的信号、手势进行联系，取得协调后，鸣号示意，才能开始操作。

（2）操作起升机构的控制器时，应该首先从零位逐级扳动。当变换电动机旋转方向时，应将控制器扳到零位，待电动机停止后，再开始逆向运转。

（3）塔臂变幅时不准与起升、行走、回转三个动作中的任何一个动作同时进行。

（4）吊运中，当接近或达到在各种幅度位置相应的额定吨·米时，严禁增幅。

（5）塔吊在停止、休息时，应将重物及吊具卸下，不得悬挂在空中。

（6）吊钩上升离臂顶端不得少于1.5m。

（7）重物起吊前，首先要试吊，试吊高度在500mm以下，待确认无危险后再起吊。

（8）各机构动作时，要避免突然启、制动。有物品吊在空中时，禁止司机离开司机室。

（9）吊运中，起重机工作范围内严禁站闲人，被吊件下面不得有人。

（10）在操作过程中，机械发生故障时的应急措施：

①如发现不正常现象或听到不正常声音时，司机要保持冷静，应将吊件稳妥降落，并立即切断电源，停车检修，排除故障。

②如遇突然停电或电压下降等故障，使重物无法下降时，应紧急鸣号，通知下面的人员立即离开，并将危险区域用绳子围起来，不让任何人通过，请机修人员抢修。

③降落重物的过程中，如发现卷扬机构制动器突然失灵时，立即鸣号，通知地面人员，进行避险工作，并将重物稍微上升，再下降，再稍微上升，再降落，这样反复多次，就能将重物安全降落到空旷地方。

④吊运中严格遵守“十不吊”。

（五）工作完毕后的安全检查

（1）工作完毕，应将塔吊开到轨道中间位置，塔臂降低至水平位置并转到顺轨道方向，空吊钩起升到臂尖2～3m距离。

（2）认真做好清洁、紧固、润滑、调整、防腐等维护保养工作。润滑油、工作油、棉纱头等易燃物不得放在塔机任何部位上。

（3）认真做好使用、维修的有关情况等的记录。

（4）司机离开驾驶室应将各控制器放到零位，关锁好门窗，切断配电箱总开关，锁好夹轨钳，或做好交接班工作。

六、塔式起重机的检验与试验

塔式起重机检验与试验的内容主要有以下两个。

（一）一般技术检验

1.检验金属结构状况

检验螺栓和铆钉连接部位是否松动和润滑等不良情况，检验关键部位的焊缝是否开缝，焊件有无变形、损伤。

2.检验机构传动系统

检验各传动系统的轴承间隙是否合适，齿轮啮合是否良好，特别是检验制动器的完好情况。

3.检验吊索具系统

检验钢丝绳和滑轮的磨损状况。

4.检验电气系统

检验电气元件是否良好，各接触点的闭合程度，线路连接是否正确和可靠。导线绝缘是否良好以及接地是否可靠。

5.检验其他部位

检验行走轮与轨道的接触是否良好，检验锚固装置是否牢固可靠。

6.负荷试验

（1）无负荷试验（空载）

无负荷试验的目的是检验各工作机构是否灵敏可靠。主要检验项目有：

①试验起升机构操纵控制开关，使吊钩上升，逐渐调至高速，然后反向降下吊钩，如此反复进行。

②试验回转机构操纵回转机构控制开关，使塔机左、右各转动360°，并反复进行。

③试验行走机构松开夹轨钳，操纵行走控制开关，并检验行程开关的灵敏度。

④试验变幅机构做起、落起重臂的试验，对小车前后移动进行试验，并检验行程开关的灵敏度。

⑤进行综合试验使大车行走（含小车变幅行走、起升、下降、回转四个动作）同时进行，反复进行数次，试验综合动作是否灵敏可靠。

（2）静负荷试验

塔机出厂和大修结束后要按规定进行静负荷试验。塔机在转移的施工场地安装完毕正式使用前需做超载125%的静负荷试验。

第八节　缆索式起重机

缆索起重机也称悬索起重机、走线滑车。它是由两个塔架或桅杆悬挂张紧的钢索，并由钢索承受载荷的起重运输机械。它与其他起重机的根本区别在于，它所承担的载荷是由挠性钢索承受的。缆索起重机的突出特点是吊运载荷范围大，对施工现场干扰小，生产效率高。该起重设备被广泛地应用在采矿场、林木场、大中型渠道、港口码头等场所，在建造水电站混凝土大坝的使用中，更是明显地发挥了优势。是浇筑混凝土大坝最关键的起重设备。

缆索起重机常见的类型主要有固定摇摆式（见图2-14）、平移式和辐射式3种。

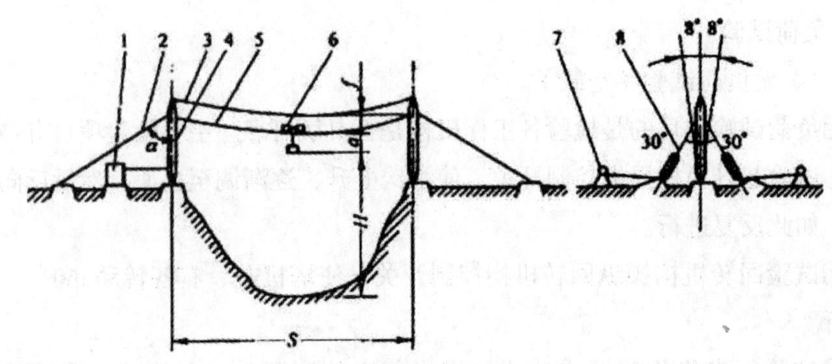

1——机房；2——拉索；3——通信电缆钢索及牵引索；4——支架；5——承载索；6——小车及吊具；7——支架卷扬机构；8——牵索；S——跨度；H——起升高度；a——上极限高度；f——垂度

图2-14　固定摇摆式缆索起重机

缆索起重机主要由塔架、承载索、支索器、配重、电气设备、司机室、电缆卷筒、风压测量和保护装置、防爬装置等零部件组成。

缆索起重机的安装步骤：

（1）钢结构安装前的施工准备。

（2）高强螺栓的安装。

（3）缆索起重机的安装。

①塔架安装；

②小车的装配；

③支索器安装；

④大车运行机构安装；

⑤牵引机构和起升机构；

⑥承载索的锚固。

缆索起重机安装完毕，要进行载荷试验和稳定性试验。

一、静载试验

静载试验的目的是检验结构的承载能力。

检验时可按要求将小车运行到任何位置，载荷应逐渐地加上去，起升至离地面100～200mm高处，悬空时间不得少于10min。

所加载荷除技术标准或订货合同规定有更高数值之外，载荷应为1.25P（P值应理解为钩头以下不含钩头的额定载荷，其中额定载荷包括重物与取物装置）。

检验中，如果未见到各部分结构出现裂纹、永久变形、油漆剥落或对该机的性能与安全有影响的损坏，连接处没出现松动或损坏，即认为检验结果良好。

二、动载试验

动载试验的目的，主要是验证缆索起重机各机构和制动器的功能。

检验时，缆索起重机应按操作规章进行控制，且必须注意把加速度、减速度和速度限制在缆索起重机正常工作的范围内。

检查应在机构承受最大载荷的位置和状态下进行。检查中，应做联合动作检验，对每种动作应在其整个运动范围内做反复启动和制动，并按其工作循环，检验至少应延续1h。

检验还包括对起升载荷做空中启动，此时载荷不应出现反向动作。如果没有其他要求，检验载荷应为1.1P。

如果各部件能够完成其功能检验，并在启动和随后进行的目测检查中没有发现机构或结构的构件有损坏，连接处也没有出现松动或损坏，则认为检验结果良好。

三、稳定性试验

稳定性试验的目的是检验缆索起重机的抗倾覆稳定性。

对缆索起重机进行静载和动载的检验中，没有发现主、副塔侧大车运行机构的车轮有离开轨面现象，以及其他可能导致缆索起重机倾覆的现象，即认为检验效果良好。

第九节　升降机

本章主要介绍简易升降机以及施工升降机的安全使用管理和安全操作。

一、简易升降机的安全操作

（1）升降机应有专职机构和专职人员管理。

（2）组装后应进行验收。并进行空载、运载和超载实验。

①空载试验：即不加荷载，只将吊篮按施工中各种动作反复进行，并试验限位灵敏程度。

②动载试验：即按说明书中规定的最大载荷进行动作运行。

③超载试验：一般只在第一次使用前，或经大修后按额定载荷的125%逐渐加荷进行。

（3）由专职司机操作。升降机司机应经专门培训，人员要相对稳定，每班开机前，应对卷扬机、钢丝绳、地锚、缆风绳进行检验，并进行空车运行，合格后方准使用。

（4）卷扬机司机要听从指挥员指挥，开动卷扬机前要先鸣警铃。

（5）严禁载人。升降机主要是运送物料的，在安全装置可靠的情况下，装卸料人员才能进入吊盘内工作，严禁其他各类人员乘吊盘升降。

（6）禁止攀登架体和从架体下面穿越。

（7）要设置灵敏可靠的联系信号装置。做到各操作层均可同司机联系，并且信号准确。

（8）缆风绳不得随意拆除。凡需临时拆除的，应先行加固，待恢复缆风绳后，方可使用升降机；如缆风绳改变位置，要重新埋设地锚，待缆风绳拴好后，原来的缆风绳方可拆除。

（9）检修和保养设备必须在停机后进行。销上闸箱，或有人监护。禁止在设备运行中进行擦洗、注油等工作。需重新在卷筒上缠绳时，必须两人操作，一人开机一人扶绳，相互配合。司机在操作中要经常注意传动机构的磨损，发现磨绳、滑轮磨偏等问题，要及时向有关人员报告，并立即解决。

（10）架体及轨道发生变形必须及时纠正。

（11）严禁超载运行。

（12）严禁吊运超过吊盘长度的物件，吊盘不得偏载，不得吊运浮放活动物体。

（13）司机离开时，应降下吊篮并切断电源。

（14）工作完毕，要将吊盘落放地面，严禁悬在半空。

二、施工升降机的使用注意事项

（1）施工升降机应按规定单独安装接地保护和避雷装置。

（2）施工升降机底笼周围2~5米范围内，必须设置稳固的防护栏杆。各停靠层的过桥和运输通道应平整牢固，出入口的栏杆应安全可靠。其他周边各处应用栏杆和立网等材料封闭。

（3）限速器、制动器等安全装置必须由专人管理，并按规定进行调试检查，保持灵敏可靠。

（4）施工升降机司机和卷扬机操作员必须由专职人员操作，应看清吊笼在停层站卸料完毕或有运行指挥信号后方可启动运行，切忌莽撞操作。

（5）施工升降机每班首次运行时，应空载及满载试运行，将吊笼升离地面1米左右停车，检查制动器灵敏性，确认正常后方可投入运行。

（6）吊笼乘人、载物应使载荷均匀分布，严禁超载使用。

（7）应严格控制载运重量，在无平衡重时（如安装及拆卸时）其载重量应折减50%。

（8）吊笼不能装载超过吊笼内尺寸的物料升降，严禁人为压迫连锁开关和开门运行。

（9）施工升降机运行至最上层和最下层时仍要操纵按钮，严禁以行程限位开关自动碰撞的方法停车。

（10）当施工升降机未切断总电源开关前，司机不能离开操纵岗位。作业后，将电梯到底层，各控制开关扳至零位，切断电源，锁好闸箱和梯门。

（11）风力达6级以上应停止使用，并将吊笼降到底层。

（12）多层施工交叉作业，同时使用电梯时，要明确联络信号。

（13）如所有连锁装置到位，施工升降机接通电源后吊笼仍不启动，应切断总电源，通知维修人员前来排除故障，司机不得擅自离开操作位置。

（14）吊笼运行中，如发现运行速度有明显变化，应立即就近停靠，停止使用，并查明原因。

（15）如笼门没关上时吊笼即启动运行，应立即停止使用，进行检查。

（16）吊笼在运行中，如发现有异常噪声、振动、冲击，应停止运行，进行检查。

（17）吊笼无论在停止还是运行时，发现有失控现象，应立即按急停按钮，切断电源。

（18）当发现吊笼及金属结构有麻电现象时，应停止运行，进行检查。

（19）每日工作完毕，司机应将吊笼停在升降机底部，并在离开前断开总电源，关上所有的门。

第三章

起重机零部件

第一节　取物装置

起重吊运作业中常见的取物装置吊具有吊钩、吊环、抓斗、电磁吸盘、专用吊具等。

一、吊钩

吊钩是起重机上最广泛应用的一种取物装置。它具有制造简单和适应性强的特点。

1.吊钩的分类

（1）按其制造方法，分为锻造吊钩和片式吊钩（俗称板钩）两种。

锻造吊钩一般用20号钢（也有用Q235、16Mn的），经锻造和冲压之后退火处理，再进行机械加工。热处理后要求表面硬度HB=95~135。锻造吊钩可分为单钩和双钩。单钩制造和使用均较方便，因此在起重量80t以下的起重机上应用最为普遍。双钩由于受力情况比较有利，常用于起重量较大或要求吊钩受力对称的地方（主要用在50~100t的起重机上）。

片式吊钩是由每块厚30mm的切成型板片铆合制成的，一般用Q235钢板气割出型板，主要用于冶金起重机和大起重量（75t以上）的起重机上。

（2）按其钩柱的长短，又可分为长钩和短钩。

吊钩钩身根据使用条件的不同，可制成各种不同的断面形状，通常有圆形、矩形、梯形和T字形等几种，如图3-1所示。一般起重机用梯形断面的通用单钩和双钩；矩形断面的吊钩一般为片式吊钩，其钩口通常装有软钢垫块，以免损伤钢丝绳；电动葫芦（如CD、MD型）用T字形断面吊钩。

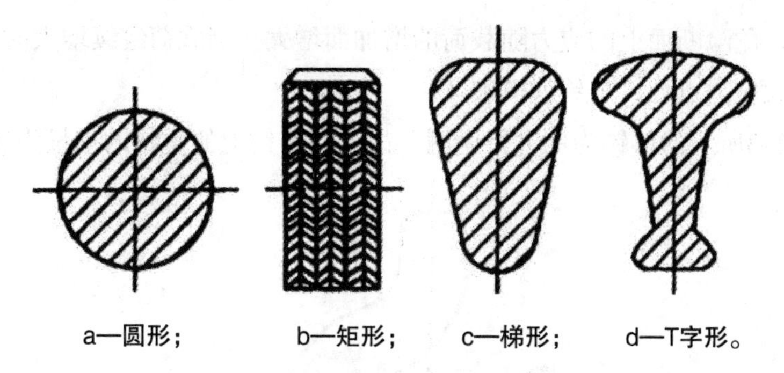

图3-1 起重机的断面形状图

吊钩与滑轮组的动滑轮组合为一体就称为吊钩组。吊钩组有长型和短型两种。长型吊钩组如图3-2a、b所示，上面安装均衡滑轮时，可以用于单数倍率的滑轮组，其起重量较大；短型吊钩组如图3-2c、d所示，只适用于双倍率的滑轮组，其起重量较小。

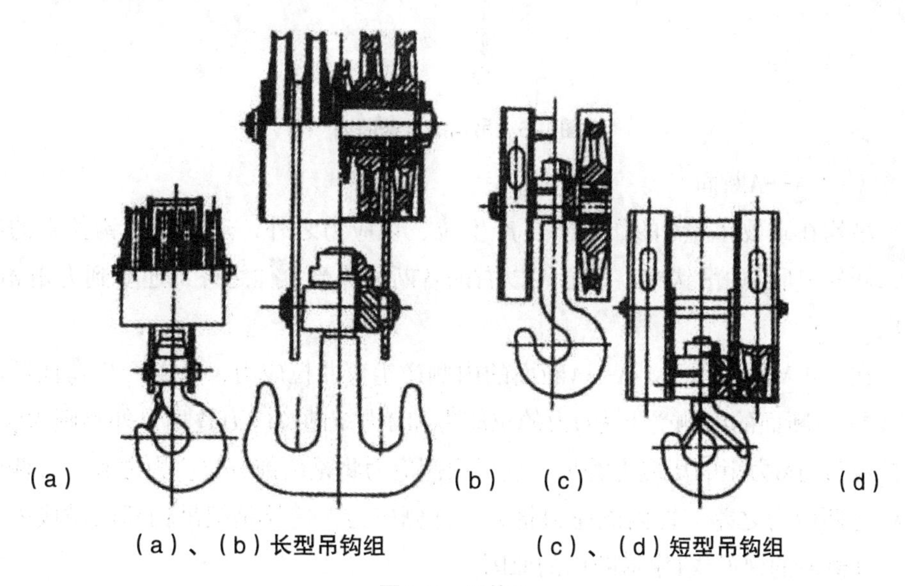

图3-2 吊钩组

因为铸造目前还存在很多质量缺陷，不能保证材料的机械性能，所以尚不能用铸造方法生产吊钩，同理，也不能采用焊接吊钩。由于吊钩在启动、制动时受到很大的冲击载荷，因此也不能用强度高、冲击韧性低的材料制造吊钩。

2.吊钩的危险断面

吊钩的危险断面是吊钩受载荷后，其内应力最大的某些断面。吊钩在连续加载过程中，危险断面上的应力随载荷的增加而增大。当载荷继续增大时，从危险断面上最大应力点处，吊钩就被破坏。

如图3-3所示的单钩为例进行说明。吊挂在吊钩上的重物的重量为Q。

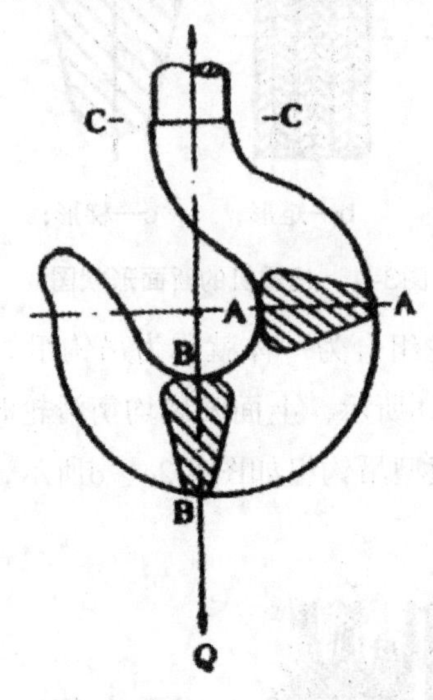

图3-3 吊钩的危险断面

（1）A—A断面

吊钩在重物重量Q的作用下，产生拉、切应力之外，还有把吊钩拉直的趋势，图3-3所示的吊钩中，中心线以右的各断面除受拉伸之外，还受到力矩M的作用。

在力矩M的作用下，A—A断面的内侧产生弯曲拉应力，外侧产生弯曲压应力。A—A断面的内侧受力为Q力的拉应力和M力矩的拉应力叠加，外侧则为Q力的拉应力与M力矩的压应力叠加，这样内侧应力将是两部分拉应力之和，外侧应力将是两应力之差，即内侧应力将大于外侧应力，这就是把吊钩断面做成内侧厚、外侧薄的梯形或T字形断面的原因。

（2）B—B断面

由于该处是钢丝绳索具或辅助吊具的吊挂点，索具等经常对此处摩擦，该断面会因磨损而使其横截面积减小，由于重物的重量通过钢丝绳作用在这个断面上，此作用力有把吊钩切断的趋势，在该断面上产生剪切应力。

（3）C—C断面

这个断面位于吊钩柄柱螺纹的退刀槽处，该断面为吊钩最小断面，由于重物重量Q的作用，在该面上这个作用力有把吊钩拉断的趋势。

3.吊钩的安全使用要求

（1）不得超负荷使用。

不允许

图3–4

（2）吊钩吊重是由吊索和吊具的安全拴挂方式来实现的。正确与错误的拴挂方式如图3–5所示。

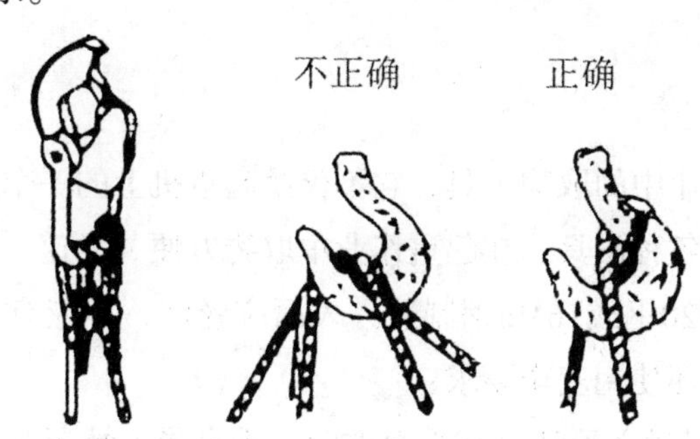

图3–5 正确与错误拴挂连接事例

（3）吊钩应有制造单位的合格证等技术证明文件，方可投入使用。否则，应经检验，查明性能合格后方可使用。在使用中应按有关要求检查、维修和报废。

（4）吊装作业前，应检查吊钩的组件是否齐全、固定是否牢靠、转动部位是否灵活等。

（5）钩体表面光洁，无裂纹及任何有损伤钢丝绳的缺陷，吊钩上的缺陷不得补焊，每年要进行一次检查。

4.吊钩的报废标准

吊钩出现下述情况之一时应予报废：

（1）表面有裂纹；

（2）危险断面磨损量达原尺寸的10%；

（3）开口度比原尺寸增加15%；

（4）扭转变形超过10°；

（5）危险断面或吊钩颈部产生塑性变形；

（6）板钩衬套磨损达原尺寸的50%，应报废衬套；

（7）板钩心轴磨损达原尺寸的5%，应报废心轴；

（8）补焊的吊钩。

5.吊钩的负荷试验

吊钩的负荷试验是用额定起重量125%的重物，悬挂10min，卸载后，测量钩口，如有永久性变形和裂纹（可用20倍放大镜），则应更新和降低负荷使用。

对自制新钩和使用到一定磨损程度的吊钩均应做负荷试验，重新确定额定起重量。

二、吊环

吊环是吊装作业中的取物工具，它不仅是起重机上的一个部件，而且可与钢丝绳、链条等组成各种吊具，在起重作业中取物方便、迅速、安全可靠。

吊环一般是用20钢或16Mn钢制造，表面应光洁，不应有刻痕、锐角、接缝和裂纹等现象。吊环使用安全要求：

（1）吊环使用时必须注意其受力方向，垂直受力情况为最佳，纵向受力稍差些，严禁横向受力。

（2）吊环螺纹在旋转时必须拧紧，最好用扳手或圆钢用力扳紧，防止由于拧得太松而吊索受力时打转，使物件脱落，造成事故。

（3）吊环在使用中如发现螺纹太长，须加垫片，然后再拧紧后方可使用。

（4）使用两个吊环工作时，两个吊环面的夹角不得大于90°。

三、抓斗

抓斗是一种由机械或电动控制的自动取物装置，主要用于装卸散装物料。若对抓斗的颚板进行必要的改造，抓斗还可用于装卸原木等其他的物料。抓斗的抓料和卸料动作由起重机司机操纵，因此工作效率较高。

（一）抓斗的组成

按抓取物料和抓斗开、闭方式的不同，抓斗有许多结构类型，如单绳抓斗、双绳抓斗、电动抓斗和多爪抓斗等。

抓斗一般由两个颚板、一个下横梁、四个支撑杆和一个上横梁组成。

图3-6示意的是双绳抓斗。它由两个独立的卷筒分别驱动开闭绳和支持绳来完成张斗、下降、闭斗和提升等四个动作。

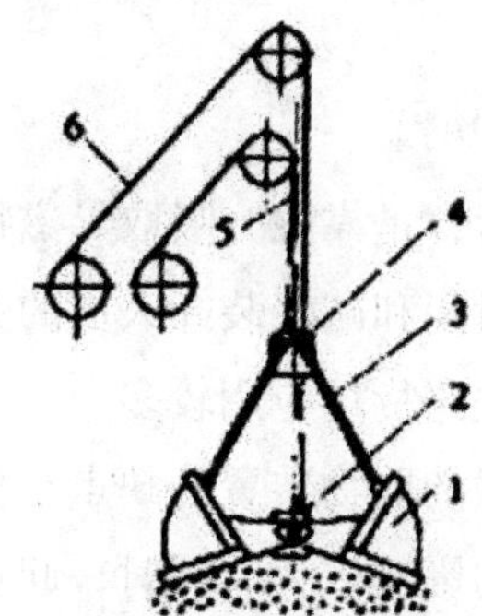

1—颚板；2—下横梁；3—支撑杆；4—上横梁；5—支持绳；6—开闭绳

图3-6　双绳抓斗工作原理图

电动抓斗的升降是由起重机的起升机构来完成的。抓斗的开闭则是安装在抓斗内的上横梁下方的电动葫芦或电动绞车来实现的。

抓斗式起重机的起重量应为抓斗自重与被抓取物料重量之和。

（二）抓斗的安全技术要求

1.刃口板检查

发现裂纹应停止使用，有较大变形和严重磨损的刃口板应修理或更新。

2.铰链销轴应做定期检查

当销轴磨损超过原直径的10%时，应更换销轴；当衬套磨损超过原厚度的20%时，应更换衬套。

3.抓斗闭合时

两水平刃口和垂直刃口的错位差及斗口接触处的间隙不得大于3mm，最大间隙处的长度不应大于20mm。

4.抓斗张开后

斗口不平行差不得超过20mm。

5.抓斗起升后

斗口对称中心线与抓斗垂直中心线应在同一垂直面内，其偏差不得超过20mm。

6.双绳抓斗更换钢丝绳时

应注意两套钢丝绳的捻向应相反，以防升降和开闭时钢丝绳在运行过程中互相缠绕或使抓斗回转摆动。

四、起重电磁铁

起重电磁铁亦称电磁吸盘，是靠磁力吸取导磁物品的取物装置，它能大大缩短钢铁材料及其制品的装卸时间和减轻装卸人员的劳动强度。因而在冶金工厂、机械工厂、冶金专用码头及铁路货场应用较多。

起重电磁铁作为起重机械的取物装置的缺点是自重大、安全性能较差，并且受温度及物料中锰、镍含量的影响较大。同时，起重电磁铁的起重能力与物料的形状和尺寸有关。

起重电磁铁由外壳、线圈、外磁极、内磁极和非磁性锰钢板构成，如图3-7所示。

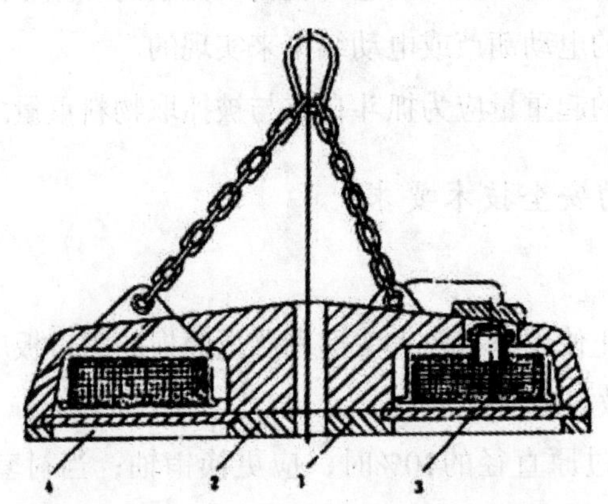

1 一铁壳；2—极掌；3—线圈；4—非磁性材料

图3-7　圆形电磁铁结构

起重电磁铁安全使用要求：

（1）每班使用前必须检查起重电磁铁电源的接线部位和电源线的绝缘状态是否良好，如有破损应立即进行修复。

（2）起重电磁铁的外壳与起重机应有可靠的电气连接。

（3）起重电磁铁的供电电路应与起重机主回路分立。

（4）吊运温度高于200℃以上的钢铁物料，应使用专用的高温起重电磁铁。

（5）起重电磁铁在吊运物料，特别是吊运碎钢铁时，不允许在人和设备的上方通过。

（6）电磁铁式起重机要装设断电报警装置，以便操作人员在供电电源断电后及时采取防范措施。

五、专用吊具

用于吊运成件物品的专用吊具，按其夹紧力产生方式的不同，可分为杠杆夹钳、偏心夹钳和他动夹钳三大类。常见的专用吊具如图3–8所示。

图3–8 专用吊具

杠杆夹钳的夹紧力是由物料自重通过杠杆原理产生的。因此，当钳口距离保持不变时，夹紧力与吊物自重成正比，从而能可靠地夹持货物。

偏心夹钳的夹紧力是由物料自重通过偏心块和物料之间的自锁作用而产生的。

他动夹钳的夹紧力是依靠外部加力，通过螺旋机构产生的，与物料的自重和尺寸大小无关。专用吊具的安全使用检查内容如下：

（1）使用前应检查铰接部位的杠杆有无变形、裂纹。

（2）对转动部位的轴、销进行定期检查和润滑。如有较大的松动、磨损、变形等，应及时予以修理和更换。

（3）新投入使用的吊具应进行负载试验，经检验合格后才能允许使用。

第二节 钢丝绳

钢丝绳是起重作业中应用最广泛的挠性构件，也是起重机安全生产的三大重要构件（制动器、钢丝绳和吊钩）之一。起重钢丝绳频繁用于各种作业场所，易磨损、受烘烤、腐蚀、变形等。如果钢丝绳的选择、维护保养和使用不当，容易发生钢丝绳断裂，造成伤害事故或重大险情，会给国家和人民带来重大的损失。因此，作为起重作业人员，正确掌握和使用钢丝绳是十分重要的。

一、钢丝绳的结构、用途和特点

钢丝绳通常由多层钢丝捻成股，再以绳芯为中心，再由一定数量的一层或多层股捻绕成螺旋状而成。钢丝绳所用钢丝是碳素钢或合金钢通过冷拉或冷轧而成的圆形（或异形）丝材，具有很高的强度和韧性。钢丝绳的公称抗拉强度分为1400Mpa、1550Mpa、1700Mpa、1850Mpa及2000Mpa五个等级；根据钢丝耐弯折次数，钢丝的韧性等级分为特级、Ⅰ级、Ⅱ级。特级：用于重要场合，如载客电梯。Ⅰ级：用于起重机的各工作机构；Ⅱ级：用于次要场所，如捆绑吊索等；根据使用条件不同，可对钢丝表面进行防腐处理，一般场合可用光面钢丝，在腐蚀条件下可用镀锌钢丝；绳芯采用纤维或软金属等材料，用来增加钢丝绳的弹性和韧性，储油润滑钢丝，减轻摩擦。

钢丝绳是起重机的组成部分之一，也是起重作业中最常用的绳索，用来捆绑、起吊、拖拉重物，作为起重机、卷扬机等的系紧绳或立扒杆用的绑扎绳和缆风绳等。

钢丝绳具有以下优点：

（1）强度高，能承受冲击载荷；

（2）挠性较好，使用灵活；

（3）钢丝绳磨损后，外表会产生许多毛刺，易于检查，破断前有断丝预兆，且整根钢丝绳不会立即断裂；

（4）起重作业用钢丝绳成本较低。

钢丝绳的主要缺点：

刚性较大不易弯曲。起重作业选用的钢丝绳一般为点接触类型，如果配用的滑轮直径过小或直角弯折，钢丝绳易损坏，影响安全使用和缩短使用寿命。

二、钢丝绳的绳芯、分类与捻向

（一）钢丝绳绳芯

在钢丝绳的绳股中央必有一绳芯，绳芯是钢丝绳的重要组成部分之一。

1.绳芯的作用

（1）增加挠性与弹性

在钢丝绳中设置绳芯的主要目的是增强钢丝绳的挠性与弹性，通常情况下在钢丝绳的中心都应设置一绳芯，如果为了钢丝绳的挠性与弹性更好，还应在钢丝绳的每一绳股中再增加一股绳芯，此时的绳芯应选用纤维芯。

（2）便于润滑

在绕制钢丝绳时，将绳芯浸入一定量的防腐、防锈润滑脂，钢丝绳工作时润滑油将浸入各钢丝之间，起到润滑、减磨及防腐等作用。

（3）增加强度

为了增强钢丝绳的受挤压能力，可在钢丝绳中心设置一钢芯，以便提高钢丝绳的横向受挤压能力。

2.绳芯的种类

（1）纤维芯：通常是用剑麻、棉纱、合成纤维和其他纤维等制成。FC表示纤维芯；NF表示天然纤维芯；SF表示合成纤维芯。

（2）金属芯：通常用软钢钢丝或软钢绳股制成。IWR（或IWRC）表示金属丝绳芯；IWS表示金属丝股芯。

（二）钢丝绳的分类

钢丝绳的分类方法很多，主要有以下几种。

1.按钢丝的捻绕次数

（1）单绕钢丝绳：由若干断面相同或不同的钢丝一次捻制而成。由圆形断面的钢丝捻绕成的钢丝绳僵性大，挠性差，易松散，不宜用作起重绳。

（2）双绕钢丝绳：先由钢丝绕成股，再由股围绕绳芯制成绳。双绕绳挠性好，制造也不复杂，起重作业中广泛采用。

（3）三绕钢丝绳：把双捻绳作为股，再用这种股围绕绳芯制成绳。三绕绳的挠性最好，但制造复杂，一般外层钢丝较细，易磨损断裂不耐用，故起重机上不采用。

2.双绕钢丝绳按捻绕方法

（1）同向捻钢丝绳（图3-9a）：同向捻即顺向捻，也叫顺绕，股的捻制方向和绳的捻制方向相同，其优点是钢丝间为线接触，接触好、磨损小、挠性好、寿命长。但有自行扭转和松散的缺点，在起重机上应用较少。

（2）交互捻钢丝绳（图3-9b）：交互捻钢丝绳指股的捻制方向与绳的捻制方向相反，交互捻又叫交绕，其钢丝间为点接触，接触差、挠性差、易磨损、寿命短。优点是没有松散和扭转的趋势，被广泛地运用在起重机中。

（3）混合捻钢丝绳（图3-9c）：相邻两股钢丝捻制的方向相反，它避免了同向捻和交互捻的缺点，但制造复杂，使用较少。

a.同向捻（顺绕） b.交互捻（交绕） c混合捻

图3-9 双绕钢丝绳

3.按股内各层钢丝接触状态

（1）点接触钢丝绳：也称普通结构钢丝绳。股内相邻层钢丝之间呈点状接触形式，除中心钢丝外，各层钢丝直径相等，股通过分层捻制形成。这种钢丝绳当其经过滑车、卷筒或绑扎受弯曲时，钢丝与钢丝的接触处产生很大的局部应力，钢丝容易破断，缩短了钢丝绳的使用寿命。但这种钢丝绳具有制造方便、挠性适中、制造成本低的特点，目前在各种起重机械和起重作业中使用较普遍。

（2）线接触钢丝绳：也称复式结构钢丝绳。股内相邻层钢丝之间呈线状接触形式，股由不同直径的钢丝一次捻制而成。根据结构不同有外粗式（X式）、粗细式（W式）和填充式（T式）三种，如图3-10所示。这种钢丝绳消除了点接触钢丝绳所具有的二次弯曲应力，降低了工作时的总弯曲应力，因此抗疲劳性能好，使用寿命比普通的点接触钢丝绳要高1～2倍。但相对造价高，在重要场合下被选用，是今后要逐步推广使用的钢丝绳。

a）—外粗式； b）—粗细式； c）—填充式

图3-10

（3）面接触钢丝绳：也称密闭式钢丝绳。股内相邻层钢丝之间呈面状接触形式，它的外层钢丝是预先加工成一定形状的异形钢丝，内包一束等径钢丝，采用特殊方法绕捻而成。它具有强度高、表面光滑、耐磨性好的优点。但不易弯曲、挠性差、造价高，一般只用于架空索道和缆索式起重机。

（三）钢丝绳的捻向

所谓钢丝绳（或股）捻向，是指股在绳中（或丝在股中）捻制的螺旋线方向。

判定方法：将绳（或股）垂直放置观察，若股（丝）的螺旋上升方向为自左向上、向右，则为右捻，可用“Z”表示；若其旋进方向为自右向上、向左，则为左捻，可用“S”符号表示。

根据股、绳捻制方向，钢丝绳分为：

（1）右交互捻钢丝绳：绳右捻，股左捻，用“ZS”表示（如图3-11a）；

（2）左交互捻钢丝绳：绳左捻，股右捻，用“SZ”表示（如图3-11b）；

（3）右同向捻钢丝绳：绳右捻，股右捻，用“ZZ”表示（如图3-11c）；

（4）左同向捻钢丝绳：绳左捻，股左捻，用“SS”表示（如图3-11d）。

a右交互捻（ZS） b左交互捻（SZ） c右同向捻（ZZ） d左同向捻（SS）

图3-11 钢丝绳的捻向图

三、钢丝绳的破坏及其原因

（一）钢丝绳的破坏过程

钢丝绳在使用过程中经常受到拉伸、弯曲，钢丝绳容易产生“金属疲劳”现象，多次弯曲造成的弯曲疲劳是钢丝绳破坏的主要原因之一。经过数次拉伸作用后，钢丝绳之间互相产生摩擦，钢丝绳表面逐渐产生磨损或断丝现象，折断的钢丝数越多，未断的钢丝绳承担的压力越大，断丝速度加快，断丝超过一定限度后，钢丝绳的性能已不能保证，在调运过程中或意外因素影响下，钢丝绳会突然拉断，化工腐蚀能加速钢丝绳的锈蚀和破坏。

（二）钢丝绳受损伤与破坏的原因

造成钢丝绳损伤及破坏的原因是多方面的，概括起来，钢丝绳受损伤及破坏的主要原因大致有以下四个方面。

1.截面积减少

钢丝绳截面积减少是因钢丝绳内外部磨损、损耗及腐蚀造成的。钢丝绳在滑轮、卷筒上穿绕次数越多，越易磨损和损坏；滑轮和卷筒直径越小，钢丝绳越易损坏。

2.质量发生变化

钢丝绳由于表面疲劳、硬化、腐蚀及缺油或保养不善等均会引起质量变化。

3.变形

钢丝绳因松捻、压扁或操作中产生各种特殊形变而引起钢丝绳变形。

4.突然损坏

钢丝绳因受力过度、突然冲击、剧烈振动或严重超负荷等原因导致突然损坏。

除了上面的原因之外，钢丝绳的破坏还与起重机的工作类型、钢丝绳的使用环境、钢丝绳选用与使用以及维护保养等因素有关。

四、钢丝绳安全系数

（一）安全系数的定义

钢丝绳承担负荷后，实际受力情况十分复杂，不仅受到弯曲力、拉伸力、摩擦力，还会突然受到巨大的冲击力。在计算和选择钢丝绳时，必须考虑弥补材料的不均匀，外力估计和决定的不准确，操作中的各种不利因素以及意外产生的情况，因而要给钢丝绳一个储备的力，也就是说，我们要人为规定一个小于实际破断拉力的力，这个力叫许用拉力，安全系数就是实际破断拉力除以许用拉力所得的商，它反映的是两个力的倍数。安全系数亦称保险系数。用数学公式表示为：

$$安全系数=\frac{实际破断拉力}{许用拉力}$$

$$K = P_{实} / F_{许}$$

式中：K——安全系数；

$P_{实}$——实际破断拉力，kN或N；

$F_{许}$——许用拉力，kN或N。

钢丝绳破断拉力是关系到吊装和吊运安全的一个重要数据，一般由丝绳制造厂提供，用户在购买钢丝绳前后要注意这个问题，如果钢丝绳破断拉力无法查考，必要时还要通过拉力试验求得，有雨现场使用的复杂性、多边形及作用的频繁性，钢丝绳受力不均匀，用户使用中遇到的钢效绳破断拉力，实际上往往要比制造厂提供的数据小，钢丝绳实际破断拉力可用下列公式求得：

$$P_{实}=P_{总}\times p$$

式中：$P_{总}$——钢丝绳破断拉力总和（制造厂提供），kN或N；

p——折减系数。

对于6×19钢丝绳，$p=0.85$

对于6×37钢丝绳，$p=0.82$

对于6×61钢丝绳，$p=0.80$

安全系数的选用

合理地选用安全系数，应从安全和节约两个方面考虑，首先考虑安全，合理选取，既不能偏小，也不宜过大。

GB6067-85国家标准对钢丝绳的安全系数做了新的统一规定，并分别规定了机构用钢丝绳和其他用途钢丝绳的安全系数。

（1）机构用钢丝绳的安全系数见表3-1：

表3-1　机构工作级别与钢丝绳安全系数的关系

机构工作级别	Ml，M2，M3	M4	M5	M6	M7	M8
安全系数	4	4.5	5	6	7	8

注：①对于吊运危险物品的起升用钢丝绳，一般应用比设计级别高一级的工作级别的安全系数。对起升机构工作级别为M7、M8的某些冶金起重机，在保证一定寿命的前提下，允许用低的工作级别的安全系数，但是最低安全系数不得小于6。②臂架类伸缩用的钢丝绳，安全系数不得小于4。

（2）其他用途钢丝绳的安全系数见表3-2：

表3-2　其他用途钢丝绳安全系数

用途	安全系数
支承动臂	4
起重机械自身安装用	2.5
缆风绳	3.5
吊挂和捆绑用	6

五、钢丝绳的受力计算和分析

（一）钢丝绳的受力计算

1.查表法

通过查表3–3、表3–4可以得知有关技术数据。

在实际工作中，人们要把钢丝绳的技术数据背熟是相当困难的。依据查表法能获得较准确的数据，但不太方便，尤其在现场查找数据困难较多，这是查表法的不便之处。

表3–3 6×19钢丝绳主要技术参数（GB1102）

直径		钢丝总断面积	参考重量	钢丝绳公称抗拉强度				
				1400	1500	1700	1850	2000
钢丝绳	钢丝			钢丝绳破断拉力总和				
mm		mm^2	kg/100m	kN（不小于）				
6.2	0.4	14.32	13.5	20.0	22.1	24.3	26.4	28.6
7.7	0.5	22.37	21.1	31.3	34.6	38.0	41.3	44.7
9.3	0.6	32.22	30.5	45.1	49.9	54.7	59.6	64.4
11.0	0.7	43.85	41.4	61.3	67.9	74.5	81.1	87.7
12.5	0.8	57.27	54.1	80.1	88.7	97.3	105.5	114.5
14.0	0.9	72.49	68.5	101.0	112.0	123.0	134.0	144.5
15.5	1.0	89.49	84.6	125.0	138.5	152.0	165.5	178.5
17.0	1.1	108.28	102.3	151.5	167.5	184.0	200.0	216.5
18.5	1.2	128.87	121.8	180.0	199.5	219.0	238.0	257.5
20.0	1.3	151.24	142.9	211.5	234.0	257.0	279.5	302.0
21.5	1.4	175.40	165.8	215.5	271.6	298.0	324.0	305.5
23.0	1.5	201.35	190.3	281.5	312.0	342.0	372.0	402.5
24.5	1.6	229.09	216.5	320.5	355.0	389.0	423.5	458.0
26.0	1.7	258.63	244.4	362.0	400.5	439.5	478.0	517.0
28.0	1.8	289.95	274.0	405.5	492.5	499.0	536.0	579.5

表3-4　6×37钢丝绳主要技术参数（GB1102）

直	径	钢丝总断面积	参考重量	钢丝绳公称抗拉强度				
钢丝绳	钢丝			1400	1500	1700	1850	2000
				钢丝绳破断拉力总和				
mm		mm^2	kg/100m	kN（不小于）				
8.7	0.4	27.88	26.2	39.0	43.2	47.3	51.5	55.7
11.0	0.5	43.57	41.0	60.9	67.5	74.0	80.6	87.1
13.0	0.6	62.74	59.0	87.8	97.2	106.5	116.0	125.0
15.0	0.7	85.39	80.3	119.5	132.0	145.0	187.5	170.5
17.5	0.8	111.53	104.3	156.0	172.5	189.5	206.0	223.0
19.5	0.9	141.16	132.7	197.5	218.5	239.5	261.0	282.0
21.5	1.0	174.27	163.8	243.5	270.0	290.0	322.0	348.5
24.0	1.1	210.87	198.2	259.0	326.5	358.0	390.0	421.5
26.0	1.2	250.95	235.9	351.0	388.5	^126.5	464.0	501.5
28.0	1.3	294.52	276.8	412.0	456.5	500.5	544.5	589.0
30.0	1.4	341.57	321.1	478.0	529.0	580.5	631.5	683.0
32.5	1.5	392.11	368.6	548.5	607.5	666.5	725.0	784.0
34.5	1.6	446.12	419.4	624.5	691.5	758.0	825.0	892.0
36.5	1.7	503.64	473.4	705.0	780.5	856.0	931.5	1005.0
39.0	1.8	564.64	530.8	790.0	875.0	959.5	1040.0	1125.0

2.经验估算

选取钢丝绳抗拉强度1400N/mm^2作为近似破断拉力计算的依据，以此破断拉力除以安全系数，便得出钢丝绳的近似许用拉力。此方法偏于安全，未考虑钢丝绳的破损情况。一般情况下，钢丝绳的安全系数$k>5$，为计算方便，我们取$k=5$。

当钢丝绳的直径d的单位为毫米（mm），破断拉力、许用拉力的单位为牛顿（N）时，经验估算公式如下：

（1）钢丝绳的近似破断拉力

$$P_{实}=500d^2（N）$$

（2）钢丝绳的近似许用拉力

$$F许=10*d^2（也可近似取F_w=i00d^2）$$

当钢丝绳的直径d的单位为英分。破断拉力、许用拉力的单位为吨（t）时，经验估算公式如下：

（1）钢丝绳的近似破断拉力

$$P_{实}=d^2/2（t）$$

（2）钢丝绳的近似许用拉力

$$F_{许}=d^2/10（t）$$

（二）钢丝绳的受力分析

1.用两根钢丝绳起吊物体时，钢丝绳的受力情况

图3-12为两根钢丝绳悬吊1000N的载荷，当两根钢丝绳处于不同夹角时，钢丝绳的受力变化示意图。

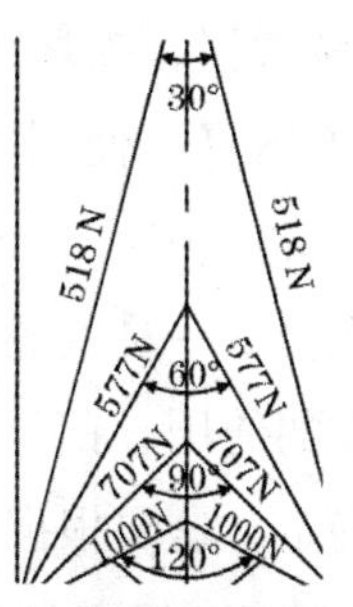

图3-12　钢丝绳的受力变化示意图

从受力图上可以看出：两根钢丝绳之间的夹角不同时，钢丝绳所受张力亦不同。两根钢丝绳之间的夹角越小时，钢丝绳受力越小。如图，两根钢丝绳之间的

夹角为300° 时，钢丝绳的受力为518N；两根钢丝绳之间的夹角越大时，钢丝绳受力越大，如图两根钢丝绳之间的夹角为1200° 时，钢丝绳的受力为1000N；

两根钢丝绳之间的夹角a越小，就越能充分利用钢丝绳的承载能力。但夹角过小，捆绑绳的高度就大，工作不方便，且货物不稳定。夹角a过大则钢丝绳张力过大，也越不安全。兼顾操作的安全和方便，建议选60° <a<90° 范围为好。

2.捆绑钢丝绳与使用时的曲率半径关系

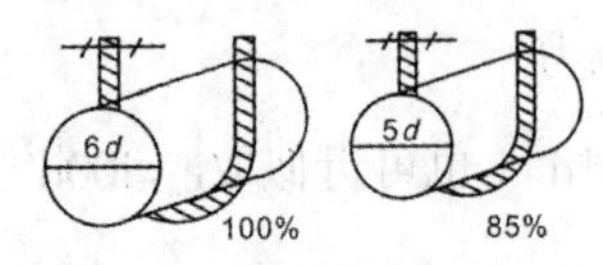

图3-13

根据试验资料，捆绑钢丝绳所受应力不仅与两根钢丝绳之间的夹角有关，而且与使用时所呈的曲率半径有较大的关系，见图3-14所示。一般认为：当钢丝绳内周的曲率半径大于6倍绳径以上时，起重能力不受影响；当钢丝绳内周的曲率半径只有绳径的3倍时，其起重能力降至原起重能力的75%；当钢丝绳内周的曲率半径与绳径相等时，其起重能力要降低50%。

图3-14 起吊钢丝绳曲率图

六、钢丝绳的安全使用

（一）钢丝绳的可用程度判断

钢丝绳使用一段时间后，容易磨损、损坏，或者受自然环境、气象条件影响和化学介质侵蚀，其强度要大大下降，使用中就不太安全，甚至会发生折断事故。

了解钢丝绳可用程度判断标准，一是为钢丝绳安全技术检验提供理论依据，二是为了钢丝绳本身安全可靠的使用。钢丝绳可用程度经验判断见表3-5。

有时可用程度判断往往难以确定，这要根据现场条件、钢丝绳状况等因素加以综合考虑，即使可用程度仍为100%，但它和新钢丝绳比较毕竟受了轻伤，使用中仍必须按规程精心操作，不能麻痹大意。

（二）钢丝绳的报废标准

根据GB6067规定：钢丝绳出现以下情况之一时应予报废：

1.钢丝绳在一个捻距内的断丝数达规定值

（1）钢丝绳的一个捻距

钢丝绳的节距又称捻距，是指钢丝绳中的任何一股缠绕一周的轴向长度。例如，钢丝绳若为6股捻成，则由钢丝绳表面的第一股到第七股之间的长度就是一个节距，如图3-15所示。

表3-5 钢丝绳可用程度经验判断

类别	钢丝绳表面现象	可用程度%	使用场所
1	钢丝绳磨损轻微，无绳股凸起	100	原定场所 重要场所
2	各钢丝股已有变位、压扁及凸出现象，但未露绳芯； 钢丝绳个别部分轻微锈蚀。 ⑧钢丝绳表面上的个别钢丝有尖刺现象，每米长度内的尖刺数目不大于钢丝总数的3%	75	原定场所 重要场所
3	绳股尖凸不太危险，绳芯未露； 个别部分有显著锈蚀。 绳表面钢丝有尖刺现象，每米长度内尖刺数目不大于钢丝总数的10%	50	次要场所
4	绳股有显著扭曲，钢丝及绳股有部分变位，有显著尖刺现象； 钢丝绳大面积有锈。 绳表面有尖刺，每米长度内的尖刺数目不大于钢丝总数的25%	10	不重要场所 辅助作业

图3-15 钢丝绳的一个捻距

（2）钢丝绳一个捻距内断丝数的规定值，参见表3-6所列数值：

表3-6　钢丝绳断丝报废标准

钢丝绳	钢丝绳结构（GB11002−74）					
	绳6×19	绳6×19	绳6×37		绳6×61	
安全系数	一个节距弓的断丝数					
	交互捻	同向捻	交互捻	同向捻	交互捻	同向捻
<6	12	6	22	11	36	18
6−7	14	7	26	13	38	19
>7	16	8	30	15	40	20

注：①对于粗细丝钢丝绳，表中的断丝数是指细钢丝数，粗钢丝绳按每根相当于1.7根细钢丝计算。②表中的钢丝绳结构形式属于GB1102−74《圆股钢丝绳》规定的范围。

（3）锈蚀或磨损的断丝数

钢丝绳有锈蚀或磨损时，应将表3-6中报废断丝数按表3−7折减，并按折减后的断丝数报废。

表3−7　折减系数表

钢丝绳表面磨损或锈蚀量（%）	10	15	20	25	30~40	>40
折减系数（%）	85	75	70	60	50	0

注：当磨损或锈性量＞40%时，按报废处理。

［例］有一根6×37同向捻钢丝绳，K<6，断钢丝9根，在自由状态磨损量20%，试问此绳是否要报废更新?

［解］当K<6时，查表3−6悉知，同向捻钢丝绳6×37断丝更新标准为11根钢丝，因为钢丝绳还有20%的磨损，查表3−7找到相应的折减系数为70%，故磨损后的更新标准为：

ll×70%=7.7（根）

9根>7.7（根）

此钢丝绳应报废更新。

（4）危险环境下钢丝绳的断丝数

吊运赤热金属或危险品的钢丝绳的报废断丝数，应取一般起重机钢丝绳报废断丝数的50%，其中包括钢丝绳表面腐蚀进行的折减。

2.整股断裂。

3.钢丝绳表层磨损或锈蚀量达40%。

4.钢丝绳直径减小量达7%。为测量钢丝绳表面的磨损量和腐蚀量，应先除去钢丝绳表面上的污垢及铁锈，然后用游标卡尺测量磨损后的钢丝绳直径，并与新绳直径进行比较。

5.钢丝绳出现露绳芯、打死结、扭结、弯折、呈笼型及局部出现拱起等塑性变形。

6.由于受热或电弧作用而引起的损坏时。钢丝绳经受了特殊热力作用其外表出现可识别的颜色时，则钢丝绳应报废。

（三）钢丝绳的安全连接

钢丝绳的安全连接一般有五种方法，即：用卡子、编结、压缩、键楔、锥套方法连接，如图3-16所示。

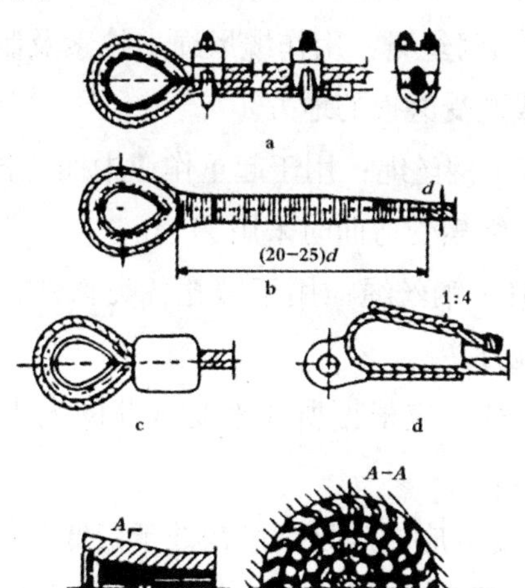

a卡子；b编结；c压缩；d键楔；e锥套

图3-16 钢丝绳的安全连接法

1.卡子法

用卡子连接时，卡子数目一般不少于3个，卡子的间距应大于钢丝绳直径的6

倍，最后一个卡子距绳头距离多140~150mm。

2.编结法

将钢丝绳绕于心形垫环上，尾端各股分别编插于承载各股之间，每股穿插4~5次，然后用细软钢丝扎紧，捆扎长度为钢丝绳直径的20~25倍，同时不应小于300mm。

3.压缩法

将绳端套入一个长圆形铝合金套管中，用压力机压紧即可，当绳径d=10mm时，约需压力550kN；当d=40mm时，压力约为720kN。

4.键楔法

利用斜楔能自动夹紧的作用来固定绳端，这种方法装拆都很方便。

5.锥套法

将绳端钢丝拆散洗净，穿入锥形套筒中，把钢丝末端弯成钩状，然后灌满熔铅。这种方法操作复杂，仅用于大直径钢丝绳，如缆索起重机的支撑绳。

（四）钢丝绳的选用

（1）钢丝绳的规格，应根据不同的用途来选择。一般情况下，可考虑为：

6×l9+NF（6×l9）钢丝绳：用作缆风绳、拉索及制作起重吊索索具，一般用于受弯曲载荷较小或遭受磨损的地方。

6×37+NP（6×37）钢丝绳：用于起重作业中捆扎各种物件及穿绕滑车组，制作起重用吊索索具、绳索受弯曲时采用。

6×61+NP（6×61）钢丝绳：用于绑扎各类物件，绳索刚性较小，易于弯曲，用于受力不大的地方。

（2）钢丝绳的直径，应根据所要承受载荷的大小及钢丝绳的许用拉力来选择。

（3）钢丝绳的长度，应能满足当吊钩处于最低工作位置时，钢丝绳在卷筒上的缠绕圈数，除用来起升所需长度的钢丝绳的圈数外，还应留有不少于2圈的减载圈，避免绳尾压板直接承受拉力。

（4）起重钢丝绳的选用应考虑使用的环境和场合等。

一般地说，起重机械钢丝绳要求有较好的韧性。因此，常选用韧性指标较好的Ⅰ号钢丝绳。而用于一些次要场合的，则可选用韧性一般的Ⅱ号钢丝绳。

钢丝绳绳芯的材料有天然纤维芯（如麻芯和棉芯）、石棉纤维芯和钢丝芯。目前天然纤维芯使用量最大。绳芯中的润滑油是起到减小每股绳及钢丝之间的摩擦和防锈蚀作用。在高温环境中工作的钢丝绳，以选用石棉绳芯或钢丝绳芯为宜；而在常温作业场所，则选用麻芯或棉芯钢丝绳。

在酸、碱等腐蚀性作业环境中，选用镀锌钢丝绳再按腐蚀条件选ZAA、ZAB、ZBB。为了使起吊的工件平稳，不发生打转的现象，一般都采用交互捻钢丝绳。

（五）钢丝绳的安全与使用维护

（1）合理选用钢丝绳，不超负荷使用。

（2）钢丝绳开卷时，要防止打结、扭曲，并在洁净的地方拖绳。

（3）在使用钢丝绳前，必须对钢丝绳进行详细检查，达到报废标准的应报废更新，严禁凑合使用。

（4）钢丝绳应缓慢受力，不能受力过猛或产生剧烈振动，防止张力突然增大。

（5）穿钢丝绳的滑轮边缘不许有破裂现象，钢丝绳与物体、设备、接触物的尖角直接接触，应垫麻袋或木块，以防损伤钢丝绳。

（6）要防止钢丝绳与电线、电缆线接触，避免电弧打坏钢丝绳或引起触电事故。

（7）吊运熔化或灼热金屑的钢丝绳，应有防止钢丝绳被高温损害的措施。

（8）钢丝绳穿过滑轮时，滑轮槽的直径应略大于绳的直径。如果滑轮槽的直径过大，钢丝绳容易压扁，槽的直径过小，钢丝绳容易磨损。

（9）测量钢丝绳时一般使用游标卡尺。

（10）经常使用的钢丝绳，每月要润滑一次。润滑的方法是：先用钢丝刷子刷去绳上的污物，并用煤油清洗，然后将加热到80℃的润滑油（钢丝绳麻芯脂）蘸浸钢丝绳，使润滑油浸到绳芯中去。不用的钢丝绳应进行维护保养，按规格分类存放在干净的地方；在露天存放的钢丝绳应加盖防雨布罩。

（11）对起重机上的钢丝绳，每天都应进行检查，包括对端部的连接，特别是滑轮附近处的钢丝绳要做出是否安全的判断。

第三节 制动器

一、制动器概述

制动器是使机构的运动件停止或减速的装置，由于起重机间歇性的工作特点，各个工作机构经常处于频繁启动、制动状态，制动器成为动力驱动的各机构不可缺少的组成部分，身兼机构工作的控制和安全双重任务，是安全检查的重点。

1.制动器的功能

制动器的工作实质是通过摩擦副将切断动力的运动件的惯性动能转化为摩擦热能消耗，从而产生制动作用。其结构特点是，形成摩擦副中的一部分与固定构件相连，另一部分与被制动的机构转动轴相连，当摩擦副接触压紧时，产生制动作用，机构工作停止；当摩擦副分离时，制动作用解除，机构可以正常工作。

（1）支持作用：在起升机构中，保持吊重静止在空中；在变幅机构中，将臂架维持在一定位置保持不动；对室外轨道起重机起到防风抗滑的作用。

（2）停止作用：使机构的运动迅速在一定时间或一定行程内停止。

（3）落重作用：将制动力与重力平衡，使运动体以稳定的速度下降。

2.制动器的种类

（1）按构造形式分类

带式制动器，利用挠性钢带压紧制动轮产生制动力矩。带式制动器构造简单、尺寸紧凑，但制动轮轴受力较大，摩擦面上压力分布不均匀，因而磨损也不均匀。它常用于中小起重机和流动式起重机。

块式制动器，两个对称布置的制动瓦块在径向抱紧制动轮产生制动力矩，从而使制动轮轴所受制动力抵消。块式制动器结构紧凑，紧闸和松闸动作快，但冲击力大。在桥架类型起重机上大多采用这种制动器。

盘式与圆锥式制动器，带有摩擦衬料的圆盘或锥形金属盘互相贴紧产生制动力矩。体积小，质量小，动作灵敏，摩擦面积大，制动力矩大。它较多地应用于各类起重机中。

（1）按操作情况分类

按照操作情况的不同，制动器分为常闭式、常开式，起重机上多数采用常闭式制动器。

常闭式制动器，在机构停止工作时，制动器处于紧闸状态；当机构接通能源的瞬间施加外力才能解除制动，使机构开始工作。

常开式制动器，机构在非工作状态，制动器处于松闸状态，在外载荷（如风载荷）作用下机构可产生运动；机构在工作状态需要运动停止时，可以根据需要施加上闸力使摩擦副结合，产生制动力矩。

3.制动器的选择与配备

为减小制动力矩和结构尺寸，制动器通常安装在机构的高速轴（电动机轴或减速器的输入轴）上，但对安全性要求高的机械，则直接安装在卷筒轴上，防止传动系统承载力零件损坏，造成物品坠落。

（1）制动器的制动力矩，应该满足以下要求：

$$M=k \cdot M$$

式中：M——制动器的制动力矩；M——制动器所在轴的力矩；K——安全系数，参见表3–8。

表3–8 安全系数的选用

机构	使用情况	安全系数
起升机构	一般的	1.5
	重要的	1.75
	具有液压制动作用的和液压传动的	1.25
吊运炽热金屑或其他危险品的起升机构	装有两套支持制动器，对每一套制动器	1.25
	彼此有刚性连接的两套驱动装置，每套装置装有两套支持制动器，对每一套制动器	1.1

续表

机构	使用情况	安全系数
非平衡变幅机构		1.75
平衡变幅机构	在工作状态时	1.25
	在非工作状态时	1.15

（2）制动器的配备

在对起重机进行安全检查时，对各机构制动器的配备要求必须给予确认。

动力驱动起重机的起升、变幅、运行、旋转机构都必须装设制动器。

起升机构、变幅机构的制动器，必须是常闭式制动器。

吊运炽热金属或其他危险品的起升机构，以及发生事故可能造成重大危险或损失的起升机构，每套独立的驱动装置都应装设两套支持制动器。

人力驱动的起重机，其起升机构和变幅机械必须装设制动器或停止器。

4.块式制动器的类型

制动器的工作原理是：驱动装置未动作时，制动臂上的瓦块在主弹簧张力的作用下，紧紧抱住制动轮，机构处于停止状态。驱动装置动作时产生的推动力推动拉杆，并使主弹簧被压缩，同时使左、右制动臂张开，使左、右制动瓦块与制动轮分离，制动轮被释放。当驱动装置失去动力后，主弹簧复位的同时带动左、右制动臂及制动瓦块压向制动轮，从而使机构的制动轮连同轴一起停止运行，达到制动目的。

根据驱动装置不同，块式制动器可分为：短行程电磁铁制动器（图 3–17）、长行程电磁铁制动器（图 3–18）、液压推杆制动器（图 3–19）、液压电磁铁制动器等。主要区别见表 3–9。

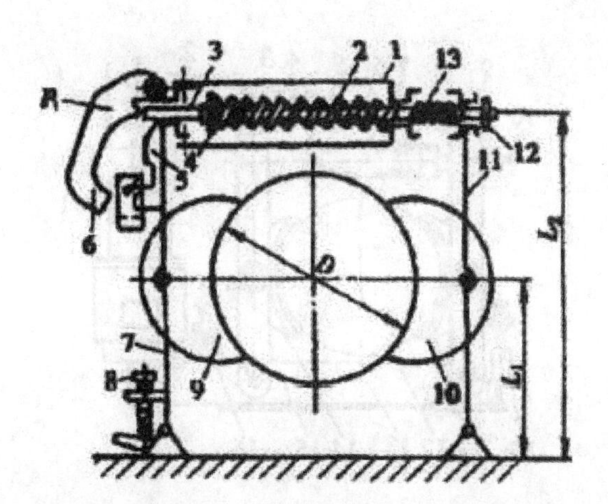

1—框形拉杆；2—主弹簧；3—推杆；4—锁紧螺母；5—电磁铁铁心；6—衔铁；7—左制动臂；8—调节螺钉；9—左制动瓦块；10—右制动瓦块；11—右制动臂；12—螺母；13—副弹簧

图3-17　短行程电磁铁制动器

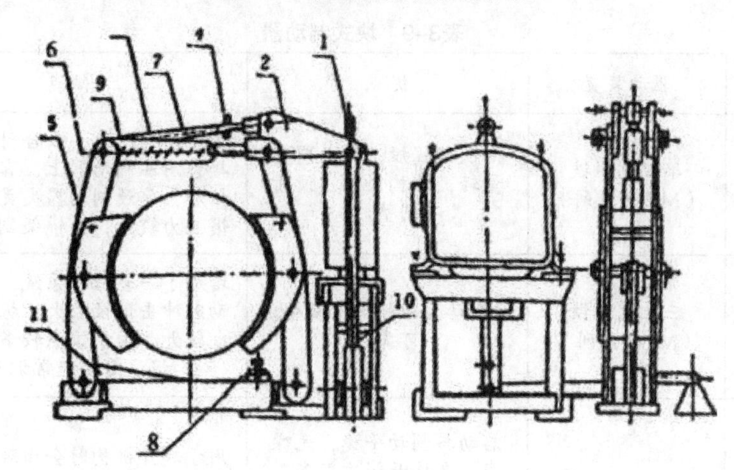

1—主杆；2—三角板；3—拉杆；4—螺母；5—制动臂；6—套板；7—主弹簧；8—调整螺钉；9—主弹簧调节螺母；10—立杆调节螺母；11—制动臂角形顶板

图3-18　长行程电磁铁制动器

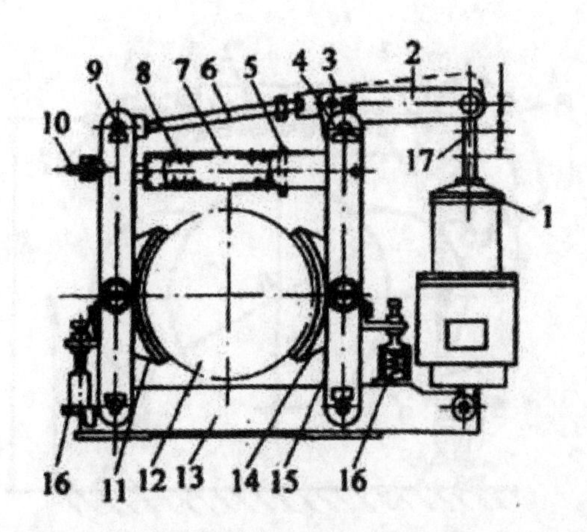

1—液压电磁铁；2—杠杆；3、4—销轴；5—挡板；6—螺杆；7—弹簧架；8—主弹簧；9—左制动臂；10—拉杆；11、14—瓦块；12—制动轮；13—支架；15—右制动臂；16—自动补偿器；17—推杆

图3-19　液压电磁推杆制动器

表3-9　块式制动器

类型	驱动装置	优点	缺点
短行程电磁铁制动器	单相电磁铁（MZDI系列）	衔铁行程短，制动器重量轻，结构简单，便于调整。	由于动作迅速，吸合时的冲击直接作用在制动器上，容易使螺栓松动，导致制动器失灵，产生的惯性力较大，使桥架剧烈振动。
长行程电磁铁制动器	三相电磁铁（MZSI系列）	制动力矩稳定，安全可靠。	增加了一套杠杆系统，因此在制动时冲击惯性较大，振动和声响也较大，由于铰点较多，容易磨损，需要经常调整。
液压电磁推杆制动器	液压推杆装置	启动与制动平稳，无噪声，允许开闭次数多，能达到每小时600次以上，使用寿命长，推力恒定，结构紧凑，调整维修方便等。	用于起升机构时会出现较严重的“溜钩”现象，因而不宜用于起升机构，也不适用于低温环境，只适用于垂直位置，偏角一般不大于10℃。
液压电磁铁制动器	液压电磁铁	启动和制动平稳，无噪声，接电次数多，使用寿命长，能自动补偿制动器的磨损，不需要经常维护和调整，结构紧凑和调整维修方便等。	在恶劣的工作条件下硅整流器容易损坏。

5.制动器的调整

起重机的制动器在使用过程中，应按规定经常进行调整，才能保证起重机各机构的动作准确和安全。因此，要求驾驶人员掌握调整制动器的技术，调整主要有三个方面：即调整工作行程、制动力矩和间隙。

调整衔铁冲程或工作行程：制动器在使用中，瓦块的摩擦片和各处铰链都会逐渐磨损，衔铁行程由此增大，工作就不可靠，因此，必须经常检查调整。

调整主弹簧长度：使制动器产生需要的力矩。

调整瓦块与制动轮的间隙：当间隙太小时，松闸以后，瓦块可能会有一部分继续与制动轮接触，这样既浪费动力，又加速摩擦片的磨损。当间隙过大时，则电磁铁衔铁的行程要增大，行程大，电磁铁吸力减小，可能松不开闸，而且线圈还会发热，故瓦块间隙必须适当，而且两侧的间隙应相等。

短行程电磁铁制动器的调整方法：

（1）调整衔铁冲程

先用手旋松锁紧螺母，然后用扳手夹紧螺母，用另一扳手转动推杆的方头，使推杆前进或后退。前进时顶起衔铁，冲程增大，后退时衔铁下落，冲程减小。见图3-20。

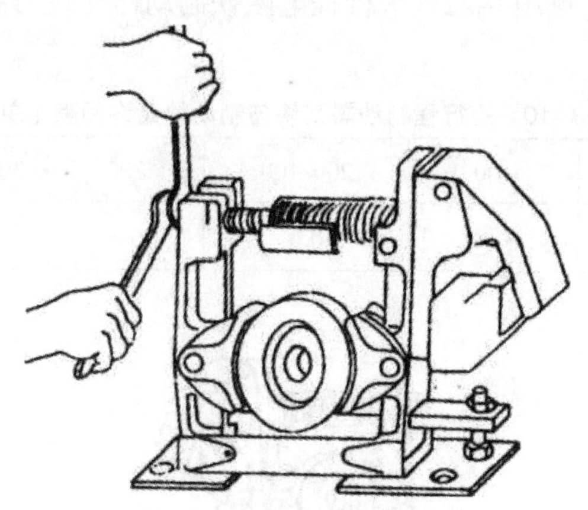

图3-20 调整电磁铁冲程示意图

短行程衔铁允许冲程按型号分别为：

MZDi—100为3mm；

MZDi—200为3.8mm；

MZDi—300为4.4mm；

（2）调节主弹簧长度

先用扳手夹紧推杆的外端方头并旋松锁紧螺母，然后旋动调整螺母，或夹住螺母，转动推杆的方头，因螺母的轴向移动改变了主弹簧的工作长度，弹簧的伸长或缩短，制动力矩随之减小或增大，调整完毕后，把右面两螺母旋回锁紧，以防松动，见图3-21。

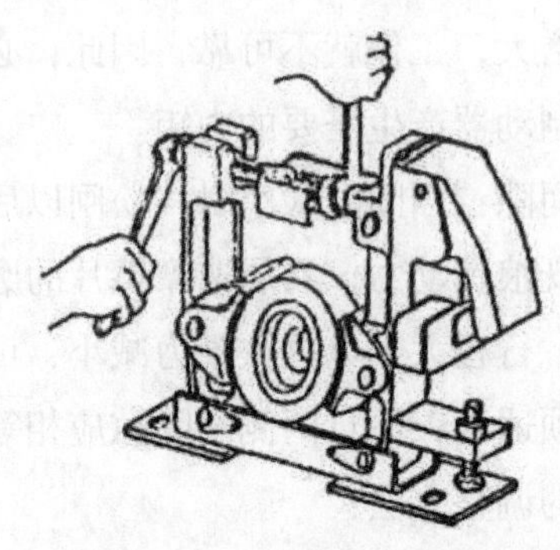

图3-21 主弹簧的调整示意图

（3）调整瓦块与制动轮间隙

把衔铁推压在铁芯上，使制动器松开，然后用扳手调整螺钉使左、右瓦块与制动轮间隙相等，见图3-22。短行程电磁铁制动器瓦块与制动轮间允许间隙值见表3-10。

表3-10 短行程制动器瓦块与制动轮允许间隙（单侧）

制动轮直径（mm）	100	200/100	200	300/200	300
允许间隙（mm）	0.6	0.6	0.8	1	1

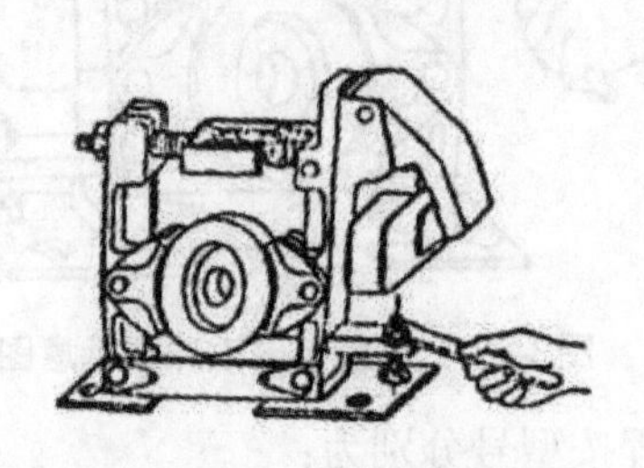

图3-22 调整制动瓦块与制动轮的间隙示意图

长行程电磁铁制动器的调整方法：

（1）调整衔铁冲程

先用扳手松开螺帽4和10（图3–18），然后转动拉杆3和立杆1，即可改变衔铁冲程的大小。伸长时，衔铁冲程加长，缩短时，衔铁冲程缩短，因此衔铁冲程的大小是同时受1和3两杆控制的。在瓦块摩擦片没有磨损前，衔铁应有25~30mm的预备冲程，调整合适以后，把螺母4和10分别旋紧，以防松动。

（2）调整主弹簧长度

用扳手转动调节螺母9，就可调整主弹簧7的长度，然后把螺母9锁紧，以防松动。

（3）调整瓦块与制动轮间隙

抬起立杆1，制动瓦块自动松开，调整拉杆3和调整螺钉8，以使制动瓦块与制动轮之间的间隙在表3–11规定的范围内，且两侧相等。

表3–11　长行程制动器制动瓦块与制动轮之间间隙（单侧）

制动轮直径（mm）	200	300	400	500	600
间隙（mm）	0.7	0.7	0.8	0.8	0.8

液压推杆制动器的调整方法：

（1）调整推杆工作行程的长短

在保证制动瓦块最小退距的情况下，液压推杆的行程越小越好。其调整方法是：松开锁紧螺母，转动斜拉杆，使补偿行程的数值符合要求，然后再把锁紧螺母旋紧。

（2）调整主弹簧长度

松开锁紧螺母，用扳手夹住拉杆10的方头，旋动螺母，使主弹簧8压缩或伸长，就能调整制动力矩的大小，调整完毕以后，锁紧螺母。

（3）调整瓦块与制动轮间隙

首先使推杆上升到最高位置，松开自动补偿器的锁紧螺母，旋动调整螺钉，使制动瓦块与制动轮之间的间隙符合要求。

液压电磁铁制动器的调整方法：

（1）调整松闸器的补偿行程

松开锁紧螺母，转动斜拉杆，使补偿行程hl的数值符合要求，然后再把锁紧螺母旋紧。

（2）调整主弹簧长度

调整的方法与长行程电磁铁制动器一样。

（3）调整瓦块与制动轮间隙

调整的方法与液压推杆制动器一样。

6.检修时注意事项

（1）对于电磁铁制动器，特别要注意电磁铁处的螺钉是否松动，有时由于电磁铁的材质不好会引起剩磁现象，使弹簧不能弹出合闸，必须及时排除。

（2）对于长行程制动器，磁铁的动铁芯是用连接板和销轴与牵引杆连接在一起的。由于工作时的振动与牵动，使销轴上的开口销经常被磨断，销轴脱出，如果动铁芯上的销轴从一侧连接板中脱出来，就会使这个连接板翻转下来，顶在电磁外壳底部，导致电磁铁断电释放后动铁芯落不下来，使制动器失效。

（3）如发现制动轮温度过高，制动块冒烟，主要是由于安装调整不良引起的。有时制动器虽然打开，但有一个制动块没有离开制动轮，工作时相互摩擦，使制动轮的温度短时间升到300℃~600℃之间。这时应及时调整制动架的安装位置或制动轮与两边闸瓦的空隙，起重机所用制动轮的温升一般不高于环境温度120℃。

（4）起升机构的制动器必须可靠地制动住1.25倍的额定载荷，带有双制动器的起升机构必须对每套制动器进行调整，即每套制动器都要调整到能制动住1.25倍额定载荷。在调整其中的一台时，应把另一台松闸。调整好一台后，再调整另一台，全部调好以后，必须经过载荷试验确认符合要求才能进行工作。起升机构的制动器，不仅要求能制动住1.25倍额定负载，而且在空钩时打开制动器（不通电，用撬开或其他办法）吊钩组能自动缓缓下滑为宜。

（5）制动器的摩擦片与制动轮的接触面积不应小于70%。

（6）制动器的各铰接点应能灵活转动。

7.制动器的保养

（1）制动器的各铰接点每隔一星期应润滑一次，在高温环境下工作每隔三天应润滑一次，切勿使摩擦片或制动轮沾上润滑油。

（2）清除制动带与制动轮之间的尘垢。

（3）液压电磁推杆松闸器的油液，每半年需要更换一次，如发现油内有机械杂质，应把松闸器全部拆开，并用汽油把各零件洗净（线圈不许用汽油洗）重新组装，密封圈要先用注入松闸器的新油液浸一下再装，以防卡坏密封圈。

8.制动器的检查与报废标准

正常使用的起重机，每个班次都应对制动器进行检查。检查内容包括：制动器关键零件的完好状况、摩擦副的接触和分离、松闸器的可靠性、制动器的整体工作性能等，所有的制动器都应保证灵敏无卡塞现象。制动器的零件，出现下述情况之一时应报废更新：

（1）裂纹；

（2）制动带或制动瓦块摩擦垫片厚度磨损达原厚度的50%；

（3）弹簧出现塑性变形；

（4）铰接小轴或轴孔直径磨损达原直径的5%；

（5）制动轮轮缘厚度磨损，对起升、变幅机构损坏达原厚度的40%，对其他机构磨损达原厚度的50%。

二、联轴器

联轴器是轴与轴之间的连接件。在起重机上，把电动机的转矩通过减速器和联轴器传递到低速轴，以完成载荷升降、小车运行和起重机运行等工作。常用的有齿轮联轴器、弹性柱销联轴器等，起重机上使用较多的是齿轮联轴器。

（一）联轴器的结构形式和特点

齿轮联轴器的优点是体积小、寿命长，允许两个被联接轴间有较大的偏移量，安装精度要求不高，工作可靠。缺点是重量大，制造工艺复杂。齿轮联轴器按应用场合不同，分为CL型和CLZ型。

（二）联轴器的安全要求

1.齿轮联轴器出现下列情况之一时，应报废：

（1）裂纹；

（2）断齿；

（3）齿厚磨损量：起升机构和非平衡变幅机构磨损达原齿厚的15%；其他机构磨损达原齿厚的20%。

2.联轴器连接螺栓为精制紧配合螺栓，用来承受剪力，因此不准用普通螺栓代替。

3.连接螺栓孔磨损严重时，机构开动会发生跳动，甚至会切断螺栓。因此，不应修复厚孔，而应将联轴器内齿法兰盘旋转一个角度，重新钻孔并配新螺栓。

4.轴孔键槽的凹角部位是应力集中处，应仔细检查是否有裂纹。

5.联轴器齿轮磨损、裂纹的检验与一般的齿轮相同。

三、减速器

减速器是一种闭式齿轮传动装置，其优点是效率高、寿命长、结构紧凑、速比大。它在传动装置中起减速和增加扭矩的作用。

起重机械的电动机每分钟转速都在600转以上，通过减速器，速比可降低若干倍而变为低转速，以适应各机构工作需要。减速器把电动机输出转速减小的同时，把电动机输出的转矩扩大了若干倍后传递到各机构带动的转动机构，使起重机完成各种动作。

（一）减速器的类型

减速器按传动类型一般可分为齿轮减速器、涡轮减速器、齿轮涡轮减速器、行星齿轮减速器、行星摆线针轮减速器。

按齿轮形状可分为圆柱齿轮减速器、圆锥齿轮减速器、圆柱圆锥齿轮减速器。

按传动等级可分为单极减速器和多极减速器。

按轴在空间的位置可分为卧式和立式减速器。

起重机中，最常用的是标准卧式圆柱齿轮减速器和立式圆柱齿轮减速器，外形见图3-23和图3-24，被桥式、龙门式、门座式等广泛采用。卧式有两种型号：ZQ（JZQ）型卧式渐开线圆柱齿轮减速器，其圆周速度不超过10m/s，效率不低于0.94，工作环境温度为-40℃～45℃，适用于正反双向运转。

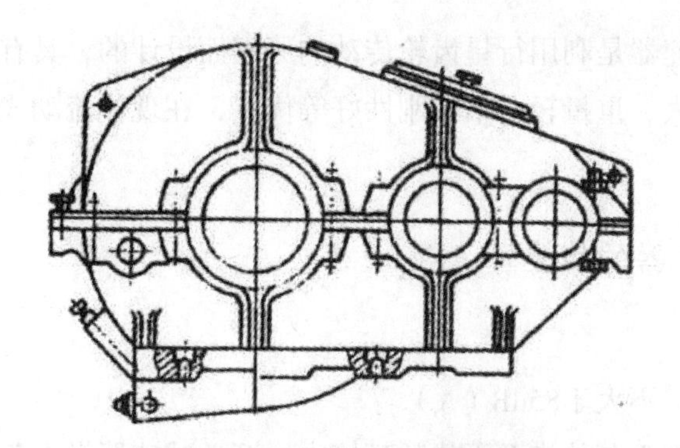

图3-23　卧式圆柱齿轮减速器

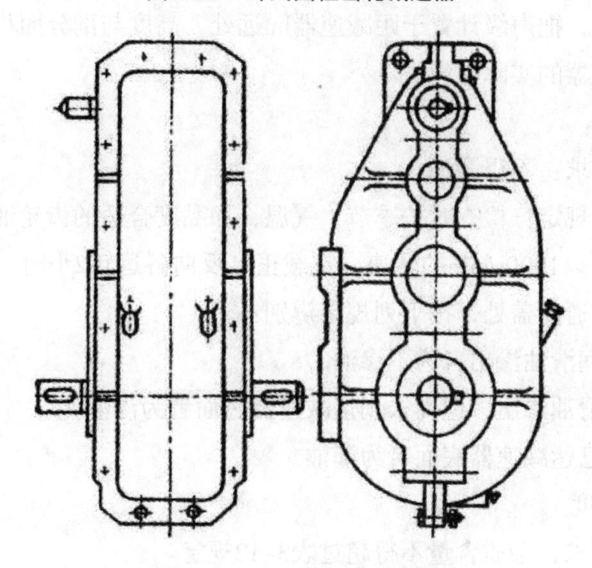

图3-24　立式圆柱齿轮减速器

ZQH型圆弧圆柱齿轮减速器是一种新型的齿轮传动，用圆弧齿轮传动代替渐开线齿轮传动，可以延长齿轮寿命，或者在相同的齿轮寿命下可以缩小传动装置体积，减轻重量。立式有ZSC型渐开线圆柱齿轮减速器，适用于起重机大、小车运行机构上，其圆周速度不超过10m/s，ZSC型渐开线圆柱齿轮套装式减速器与前一种的适用范围及形式大致相同，只是输出轴做成了空心式套轴，可以套装在车轮轴上，并支承整个减速器自重和载荷。

涡轮减速器与齿轮减速器比较，涡轮减速器具有减速比大、结构紧凑、噪声小等优点，但是涡轮传动效率低，涡轮磨损大、寿命短，所以很少单独使用，通常与齿轮减速结合使用。

行星齿轮减速器是利用行星齿轮传动的原理而设计的，具有结构紧凑、传动比大、载荷容量大、重量轻、结构刚性好等优点，在现代流动式起重机上逐渐得到广泛应用。

（二）减速器的检查

1.噪声

对噪声要求：不大于85dB（A）。

测量方法：在无其他声源干扰的环境中，开动减速器做无负荷转动，其转速不低于工作转速，把声级计置于距减速器lm远处，高度与剖分面相等，测得的最高值，即为减速器的实际噪声。

2.密封性

对密封性要求：不得漏油。

检查方式与规定：检查时按季节、气温，加黏度合适的齿轮油，油面在规定的高度上，然后以1000r/min的转速，空载正、反向各运转2小时。停车后，观察减速器剖分面与通闷盖处，按下列规定辨别：

（1）凡无润滑油渗出者为不渗油。

（2）有润滑油渗出，但尚未到达减速器底面者为渗油。

（3）渗油已达减速器底面者为漏油。

3.箱内清洁度

对清洁度要求：杂质含量不得超过表3-12规定。

表3-12　减速箱内允许杂质含量

减速箱中心距（mm）	250	350	400	500	600	650	750	850	1000
杂质含量不大于（mg）	70	100	150	200	350	380	500	800	1000

测定方式：排出箱体内全部机油，用70目铜丝网过滤出油内杂质；再用煤油或汽油清洗减速器箱底、箱盖内壁及箱内的全部零件，也用70目铜丝网滤出煤油或汽油内的全部杂质。然后把两次滤出的所有杂质放在120℃~135℃、下熔烘lh，冷却20~30min，放在天平上称得的重量，即为杂质含量。

4.减速器效率

技术要求：>94%。

测定方法：可在开式或闭式试验台上进行，用机械或液压等方式加载，在额定转速和额定载荷的情况下，分别用扭矩仪测出减速器的输出和输入轴扭矩，计算出它们的百分比，即为减速器效率。

（三）减速器齿轮及开式齿轮报废标准

出现下述情况之一时，齿轮应报废：

（1）裂纹；

（2）断齿；

（3）齿面点蚀损坏达啮合面的30%，并且深度达原齿厚的10%时；

（4）齿厚的磨损量达表3-13所给出的数值时；

（5）吊运炽热金属或易燃、易爆等危险品的起升机构，其传动齿轮的磨蚀限度达到第（3）条和第（4）条中数值的一半时。

表3-13 齿轮齿厚的允许磨损量

用途		齿厚磨损达原齿厚的%	
		第一级啮合	其他级啮合
闭式	起升机构和非平衡变幅机构	10	20
	其他机构	15	25
开式齿轮转动		30	

四、滑轮组及卷筒

（一）滑轮组

钢丝绳依次穿绕过若干动滑轮和定滑轮组成的滑轮组，省力效果更加明显。起重机的起升机构和钢丝绳变幅机构都采用省力滑轮组。滑轮组中的平衡滑轮处于对称位置，当绕过它的钢丝绳两分支受力不均匀时，两分支绳的力差使平衡滑轮稍许转动来均衡钢丝绳的张力。

1.滑轮组的种类

根据绕入卷筒的钢丝绳分支数，可分为单联滑轮组和双联滑轮组（见图3–25）。单联滑轮组绕入卷筒的钢丝绳只有一根，多用于臂架类型起重机的起升机构；双联滑轮组绕入卷筒的钢丝绳有两根，用于桥架类型起重机的起升机构。

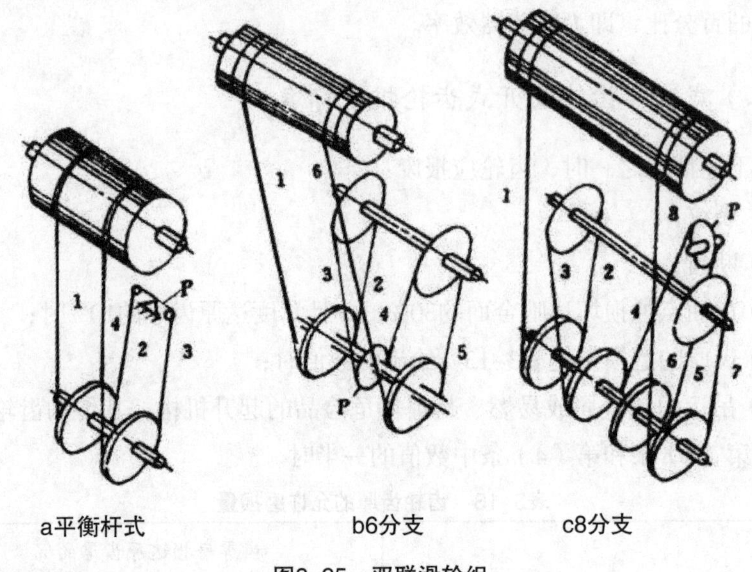

图3–25 双联滑轮组

2.滑轮组的倍率

倍率是指滑轮组省力的倍数，同时也是减速的倍数，用m表示。

倍率（m）=起升载荷的重量/钢丝绳拉力=钢丝绳线速度 /起升载荷速度

由此可知，单联滑轮组的倍率等于滑轮组中支持吊重的钢丝绳分支数；双联滑轮组的倍率等于滑轮组中支持吊重的钢丝绳分支数的一半。

倍率越大，单根钢丝绳的受力越小。滑轮组倍率不是越大越好，要综合考虑机构的总体尺寸和起重量按标准确定。

3.滑轮组的效率

在理想状态下，当工作机构运动时，钢丝绳随着动、定滑轮的转动而无摩擦地滚动通过滑轮的绳槽。但是由于存在摩擦损失，滑轮组省力倍数比理想状况要小，滑轮的效率损失主要来自轴承摩擦阻力和钢丝绳僵性阻力产生的内摩擦。

滑轮的效率与钢丝绳构造、滑轮和轴的直径、轴承种类以及润滑条件等因素有关。

（二）卷筒

卷筒用来卷绕钢丝绳，并把原动机的驱动力传递给钢丝绳，同时将原动机的旋转运动变为直线运动。

一般来说，卷筒的外形是圆柱形的。在要求变幅时保证物品高度位置不变，可把卷筒做成圆锥形的。

钢丝绳在卷筒上卷绕的层数可以是单层的，也可以是多层的。

单层绕卷筒表面通常切有螺旋形绳槽。绳槽节距比钢丝绳直径稍大，绳槽半径也比钢丝绳半径稍大，这样既防止了相邻钢丝绳之间的相互摩擦，也增加了钢丝绳与卷筒的接触面积，使钢丝绳的使用寿命有所提高。

多层绕卷筒常用于起升高度很大的起重机上，其容绳量大，因而机构尺寸较小。多层绕卷筒的表面一般没有螺旋形绳槽，而是光卷筒。因此，钢丝绳排得很紧，相互之间摩擦力很大。此外，各层钢丝绳互相交叉，内层钢丝绳受到外层的挤压，所以钢丝绳的使用寿命有所降低。

多层绕卷筒的两端必须有侧缘，以防止钢丝绳脱出。侧缘的高度要比最外层钢丝绳高出2d。卷筒用HT150灰铸铁或QT450–10球墨铸铁铸造。也有用ZG25铸钢铸成的。

钢丝绳的末端应牢固地固定在卷筒上。除了应保证工作安全可靠之外，还要求便于检查和更换钢丝绳。此外，在固定处不应使钢丝绳过分弯折。钢丝绳在卷筒上的固定见图3–26。现有的固定结构都是用摩擦力将钢丝绳末端压在卷筒的壁上。

由于钢丝绳在卷筒上的附加圈数对卷筒表面的摩擦，使作用在固定装置上的作用力有所降低。常用的钢丝绳末端固定法有以下三种。

（1）利用楔形块固定绳端的方法，见图3–26a，常用于直径比较细的钢丝绳。为了确保自锁起见，楔形块的斜度一般在1：4到1：5的范围内。

（2）钢丝绳端用螺钉压板固定在卷筒外表面，见图3–26C，在压板上刻有梯形或圆形的槽。采用这种固定法使卷筒的构造简化，且工作可靠，便于观察和检查。在卷筒上的螺钉受到的是拉力。对于需要经常拆装钢丝绳的，建议采用双头螺栓来代替螺钉，以避免因经常拆装而使螺钉松脱，压板数至少2个。

（3）钢丝绳末端穿入卷筒内部特制的槽内，然后用螺钉及压板压紧。于是可利用钢丝绳和压板及卷筒之间的摩擦力来平衡钢丝绳的拉力。

在这种固定法中，最好运用图3-26b所示的Ⅱ型双斜面的压板和支承槽。

（三）滑轮和卷筒的检查

起重机司机在使用起重机时应注意起升机构、变幅机构、旋转机构、运行机构的运转状态是否良好。每个季度都要检查滑轮和卷筒一次，并做好记录。

对滑轮来说，首先应该检查的是滑轮的转动情况，以能用手使滑轮做灵活的转动为佳。金属铸造的滑轮，出现下述情况之一时应报废：

（1）裂纹；

（2）轮槽不均匀磨损达3mm；

（3）轮槽壁厚损达壁厚的20%；

（4）因磨损使轮槽底部直径减少量达钢丝绳直径的50%；

（5）其他损害钢丝绳的缺陷。

对卷筒来说，首先要检查的是卷筒有无变形和裂纹，若出现裂纹应报废，筒壁磨损达原厚度的20%时也应报废。最后检查固定钢丝绳末端用的压板与螺栓是否松动，松动的话，可用扳手扳紧。

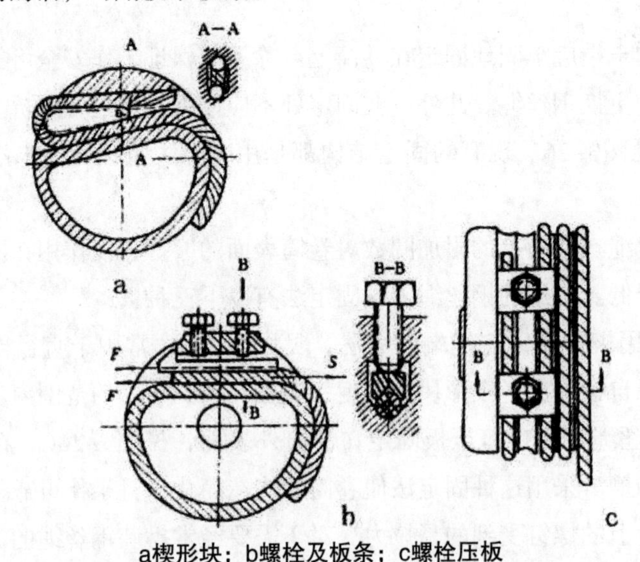

a楔形块；b螺栓及板条；c螺栓压板

图3-26　绳端在卷筒上的各种固定方法

五、车轮与轨道

（一）车轮

车轮是用来支撑起重机及载荷，并在轨道上使起重机往复运行的装置。

轨道承受起重机车轮的轮压，并引导车轮运行。起重机常用的轨道有：起重机专用轨、铁道轨和方钢三种。轻小型起重机的葫芦小车车轮和悬挂梁式起重机大车车轮通常在工字梁下翼缘上运行，此时工字梁即为起重机的葫芦小车轨道和大车轨道。

流动式起重机无轨道。在非起重作业时，整机移动时使用橡胶轮胎或履带。

1.车轮的类型

车轮按轮缘形式可以分为无轮缘、单轮缘、双轮缘三种。见图3–27。

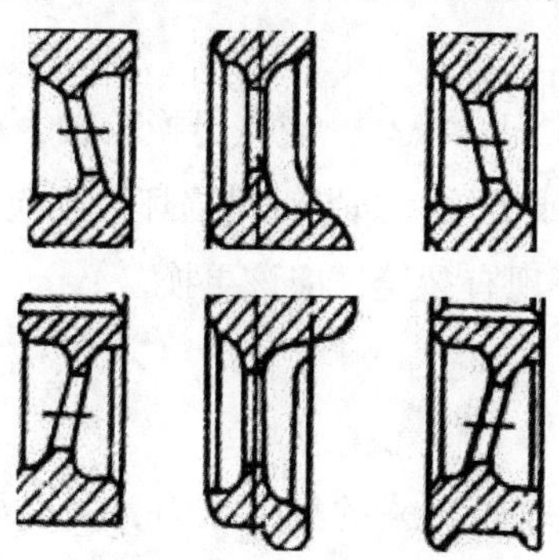

a无轮缘；b单轮缘；c双轮缘

图3–27　车轮形式

车轮按踏面形式分为：

（1）圆柱踏面车轮，这是通常使用的形式；

（2）圆锥踏面车轮，锥度为1∶10，在桥式起重机集中驱动的大车中，有时采用锥形踏面的车轮，目的是防止车体走斜，在T字钢下缘行走的葫芦小车也采用锥形车轮。为了导向与防止出轨，车轮上应有轮缘，通常轮缘高15~25毫米，有1∶5的斜度。桥式起重机大车一般为双轮缘车轮，小车在轨距小时，允许采用单轮缘车轮，以减少车轮的加工量。无轮缘车轮在一般情况下不用，只在车轮两侧有水平导向滚轮时才采用。

2.车轮支承装置

起重机上的车轮支承装置大体分为定轴式和转轴式两种。

3.车轮的检查

起重机的车轮应该按规定时间进行检查。

（1）用小锤敲击车轮的踏面轮缘和轮辐，检查是否有裂缝，如发现有裂缝，则应更换新的。

（2）车轮的踏面必须平整，如因磨损而形成台阶，则应经过车削或磨削，去掉台阶。

（3）车轮的轮缘磨损以后，应进行修整，如磨损量超过原厚度的50%时，则应更换新的。

（4）起重机在大修时，必须将车轮组全部拆卸解体，清洗检查，更换所有轴承，加入润滑脂。

（5）车轮轮轴如轮孔配合松动，应该更换轮轴，如与联轴节或齿轮孔配合松动，一般应更换联轴节或齿轮，如果键槽损坏，则应更换轮轴。

（6）角型轴承箱如发现有裂缝，应该更换。

（二）轨道

轨道用来承受起重机车轮传来的集中压力，并引导车轮运行。起重机轨道一般采用标准的型钢或钢轨。轨道选择应考虑符合车轮的要求，同时考虑固定方式。通常起重机轮压较小时，采用P型铁路钢轨，轮压较大时采用QU型起重机专用钢轨。

第四章

起重机安全保护装置

起重机的安全防护装置是指起重机上采用的安全装置和防护装置，以及采取的其他安全技术措施，主要目的是防止起重机在作业时产生的各种可能的危险。《起重机械安全规程》规定，在各种类型起重机上设置的安全防护装置共有25种，分“应装”和“宜装”两个要求等级。安全防护装置大致可分为防护装置、显示指示装置、安全装置三类。

防护装置是通过设置物体障碍，将人与危险隔离。例如，走台栏杆、暴露的活动零部件的防护罩、导电滑线防护板、电气设备的防雨罩，及起重作业范围内临时设置的栅栏等。

显示指示装置是用来显示起重机工作状态的装置，是人们用以观察和监控系统过程的手段，有些装置兼有报警功能，还有的装置与控制调整联锁。此类装置有偏斜调整和显示装置、幅度指示计、水平仪、风速风级报警器、登机信号按钮、倒退报警装置、危险电压报警器等。

安全装置是指通过自身的结构功能，限制或防止某种危险的单一装置，或与防护装置联用的保护装置。其中，限制力的装置有超载限制器、力矩限制器、缓冲器、极限力矩限制器等；限制行程的装置有上升极限位置限制器、下降极限位置限制器、运行极限位置限制器、防止吊臂后倾装置、轨道端部止挡等；定位装置有支腿回缩锁定装置、回转定位装置、夹轨钳和锚定装置或铁鞋等；其他的还有联锁保护装置、安全钩、扫轨板等。

第一节　起重机超载保护装置

一、起重机超载保护装置概述

起重机超载保护装置是指起重机在使用过程中，可能会因为操作人员对吊运物品重量不清楚，使得吊运的重量超过额定起重量，那么就要设置超载保护装置对起重机进行保护，避免出现严重后果，起重机的超载保护装置包括起重量限制器和起重机力矩限制器两种形式。

1.起重量限制器

这种保护装置主要是用于桥架型起重机上，用来限制起重量，当载荷超过额定起重量时，使起重机停止向上起升，只能向下达到安全保护作用。

2.起重力矩限制器

起重力矩限制器分为动臂变幅力矩限制器和小车变幅力矩限制器。

对于流动式起重机一般是采用动臂进行变幅的，常采用力矩限制器进行超载保护。

起重机超载限制器可以有效地避免起重机超载，是对起重机的一种保护，操作人员不能只靠这些保护装置限制起重机的起重量，在平时的操作过程中，要对吊运物品有一个了解，限制在额定起重标准内。

二、起重机超载保护装置术语

1.动作点

装机条件下，是指由于装置的超载防护作用，起重机停止向不安全方向动作时起重机的实际起重量。

试验室条件下，是指判定到装置可以使起重机停止向不安全方向动作时装置承受的实际载荷值。

2.设定点

装置标定时的动作点。

3.综合误差

装置安装在起重机上，动作点偏离设定点的相对误差。

4.动作误差

在试验室条件下，装置动作点偏离设定点的相对误差。

5.起重机状态

起重机在某一工况条件下的外部形状。

6.电气型装置

通过机械能与电能之间的转换达到规定功能的装置。

7.机械型装置

通过机械能之间的转换与开关（控制阀）配合达到规定功能的装置。

8.故障

装置丧失执行相应功能的能力或者综合误差超过规定值。

9.不安全方向

起重机超载时，吊物继续起升、臂架伸长、幅度增大及这些动作的组合。

10.安全方向

吊物下降、臂架缩短、幅度减小及这些动作的组合。

三、起重机超载保护装置功能要求

1.装置必须具备以下功能形式之一：

自动停止型。当起升质量超过额定起重量时，应能停止起重机向不安全方向继续动作，同时应能允许起重机向安全方向动作；

综合型。当起升质量达到额定起重量的90%左右时，应发出音响或灯光预警信号。

当起升质量超过额定起重量时，应能停止起重机向不安全方向继续动作，并发出声光报警信号，同时应能允许起重机向安全方向动作。

2.装置应能区别起重机实际超载与正常作业时吊物起升、制动、运行等产生的动载影响。吊物挂碍（或与地面固结）时，应能立即执行规定的功能。

3.装置正常工作时，应能自动地执行规定的功能，不得增加司机的额外操作。

4.装置宜设有自动保险功能，当装置内部发生故障时，能发出提示性报警信号。

四、起重机超载保护装置技术要求

1.电源开关

使用电源的装置，在装置上不得装设可切断电源的开关。

2.解除开关

装置设置可以解除4．1条规定功能的开关时，必须同时安装开关锁定机构。解除开关必须经主管人员同意方可开启使用。

3.抗干扰性

电气型装置应具有抗干扰措施。

4.强度裕量

装置的任何部件安装于起重机承载系统中时，其强度裕量不得小于该系统中承载零部件的强度裕量。

5.材料和构造

装置所用的电子元器件应严格筛选。材料应选用具有足够强度和耐久性的材料，各安装件、连接件应有防松动措施，金属件应做防腐处理。装置的构造应便于安装、调整、润滑和检修。

五、起重机超载保护装置综合误差

1.电气型装置不应超过±5%，机械型装置不应超过±8%。

综合误差=（动作点–设定点）/设定点×100%

2.对额定起重量随工作幅度变化的起重机，综合误差的有效范围应在使用说明书和产品铭牌上明确说明，原则上应能满足配用起重机的全部使用工况。

3.设定点

设定点的调整应使起重机在正常工作条件下可吊运额定起重量。

设定点的调整要考虑装置的综合误差，在任何情况下，装置的动作点不得大于110%额定起重量。

设定点宜调整在100%～105%额定起重量之间。

4.信号

（1）预警信号

音响预警信号持续时间应≥5s，并与报警信号有明显区别。灯光预警信号应使用黄色，必须在司机视野范围内清晰可见。

（2）报警信号

音响报警信号应与起重机环境噪声有明显区别。距发音部位lm及在司机位置测量均不应低于75dB（A）。灯光报警信号应使用红色，必须在司机视野范围内清晰可见。

5.显示误差

具有起重量或起重力矩显示功能的装置，相对于动作点的显示误差在试验室条件下不应超过±3%，装机条件下不应超过±5%。

显示误差计算方法如下：

显示误差：

装机试验确认后的显示误差及其对起重机的有效适用范围应在产品铭牌上明确说明。

6.动作误差

电气型装置不应超过±3%。机械型装置不应超过±5%。

动作误差与综合误差的计算方法相同。

7.耐振动冲击性

装置应能承受起重机工作所引起的振动和冲击，不得因振动和冲击试验影响其安全性能。

8.温度适应性

装置在-20℃~60℃的环境温度条件下应正常工作。

9.耐电压波动能力

使用电源的装置，在以下电压波动范围内应正常工作。

外接电网供电：-15%~+10%额定电压；

蓄电池供电：-15%~+35%额定电压。

10.绝缘能力

使用电源的装置，绝缘电阻不应低于1MΩ，并应能通过规定的耐压试验。

11.过载能力

取力传感器应能承受配用起重机规定的最大载荷试验。

12.防护等级

装置的防护等级应符合以下规定：

装置室内部分：IP42。

装置室外部分：IP44，传感器IP65。

13.可靠性

装置在规定的使用条件下，累积工作3000h，不得出现故障。

注：规定的使用条件是指起重机按正常条件工作，用户按制造厂规定的维护调整方法周期对装置进行维护和调整。

14.疲劳强度

取力传感器在起重机中级载荷状态下的寿命，不得低于5×105次应力循环。

第二节　运行极限位置限制装置

起重机械运行极限位置限制器为了确保起重机械的运行在一定的工作区域内，避免超出工作区域造成机械事故，必须安装极限位置限制器。

起重机各机构极限位置限制器的安全作用是什么？

（1）起升机构上升极限位置限制器（以下简称上升限位）应确保当吊钩或取物装置上升到最高极限时，起重机可自动断开总电源或上升动力源，以防止卷筒上的钢丝绳降落超出安全圈，出现吊钩“反卷”事故。

（2）起升机构下降极限位置限制器（以下简称下降限位）应确保当吊钩或取物装置降落到最低位置时，起重机可自动断开总电源或下降动力源，以防止卷筒上的钢丝绳降落超出安全圈，出现吊钩“反卷”事故。

（3）运行机构运行极限位置限制器（以下简称运行限位）应确保当某运行机构到达终点位置时，起重机可自动断开总电源，以防止该机构出现越位事故。所有起重机都应安装上升限位，凡是有可能造成“反卷”事故的起重机都应安装下降限位；桥式起重机在大、小车两终端都应安装一对运行限位，门坐式起重机吊臂的幅度终端也必须安装运行限位。

第三节　其他安全保护（防护）装置

一、天车防碰撞装置

如今，每个工厂都有天车，而工厂的一个轨道上有可能有几辆天车同时运行，这样，天车与天车之间就有可能发生碰撞，造成人员和设备的事故，后果不堪设想，所以需要在天车上安装防碰撞装置，及时提醒操作人员的注意，防止事故的发生。

在我这次的实习单位中，天车防碰撞装置共有5种类型，分别是双向单点控制（JGF-1、HWF-1两种类型），双向双点控制（JGF-2、HWF-2两种类型）以及JGF-DS60型。所谓双向是指天车的左右两边各有一个距离检测器，所谓双点是指一个距离检测器有2个传感器（即探头）。

天车防碰撞装置主要有以下三部分组成。

1.控制器（主机）

控制器的功能主要是将激光（红外）传感器接收到的信号进行处理，根据检测到的距离做出相应的报警和继电器的动作。

2.激光（红外）距离检测器

激光（红外）距离检测器的功能是将发射光束射到反射板，并接收反射板所反射回的信号，从而提供给主机计算天车到被测物体的距离。

3.反射板

反射板的功能是以最小的损耗，将激光定向反射。

根据其天车实现防撞的形式，又分为两类，一类是机械式的限位开关或电开关，并实现天车的防碰撞，另一类是反射式的激光距离检测器（即JGF-DS60型）。

下面将这两类的原理简单论述。

（1）机械式防碰撞

将距离检测器粘在天车边缘上，反射板水平粘于对面天车上，当相邻的两天车逐一靠近（初始值设为20米）时，天车会做减速运动，当达到极限值（初始值设为5米）时，天车就会停下来，距离检测器具有记忆模式，能够可靠准确地检测到发射点到反射板之间的距离，采用继电器输出单双点开关量输出信号，如图4-1是其系统图。

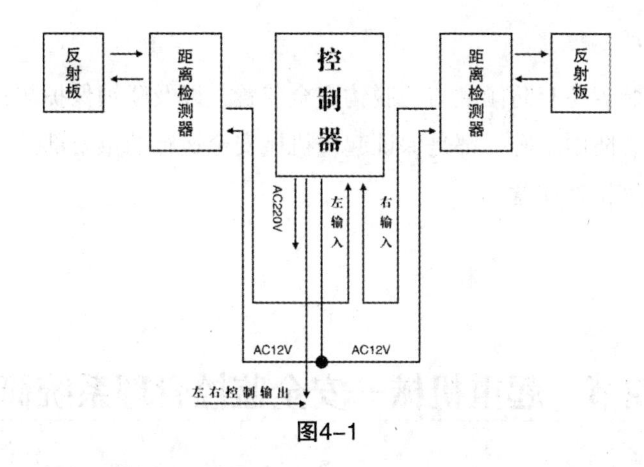

图4-1

（2）反射式的激光距离检测器

它是一种最安全及简单的天车防撞方式，若采用“光电开关”，用于“天车防撞”，长期使用时，会产生较大的漂移，并不能实现真正意义上的“安全防撞”，因为它不是真正的距离检测器，而反射式的激光距离检测器则可精确地计算出天车与障碍物（或另一台天车）之间的距离，在30米的量程范围内可任意设定2个记忆点，分别作为天车的减速或停止的信号。

4.天车行走起吊报警器

在嘈杂的工厂中，天车行走、起吊，往往不被人所知，从而使吊物在人周围不易被人所察觉而造成不可想象的后果，故需在天车行走、起吊时装一个报警器，它能发出声光报警信号，增强生产人员的安全意识。天车行走起吊装置是一种新型的起重机（即行车）安全运行保护装置。它适用于冶金、机械、轻工、铁路、码头等行业中的大车行走位置报警控制装置。

当天车运行或起吊机构起动时，通过外部继电器触点接通装置，使闪光灯发出旋转红光，扬声器发出报警声响，以提示生产人员。天车在行走起吊或静止时，按住送话器的开关，司机可以对外喊话。

它有以下特点：

（1）性能安全可靠，增强人员安全意识，确保行车安全；

（2）天车操作人员可以随时对外广播，提醒生产人员，确保生产安全；

（3）天车行走或起吊时可发出报警信号，并伴有醒目的旋转红光。

5.其他

安全防护装置还有防倾翻与防脱钩安全装置，以及联锁保护装置、登机信号按钮、防护罩、防雨罩等。都是保证起重机械安全运行的重要部件，在日常的维护保养中都应该格外注意。

第四节　起重机械—安全监控管理系统简介

《起重机械—安全监控管理系统》（GB/T28264-2017）共分为7章，主要内容包括范围、规范性引用文件、术语和定义、系统的构成、系统的监控、系统的性能要求、试验方法、系统的检验。

该标准适用于GB/T20776规定的桥式起重机、门式起重机、流动式起重机、塔式起重机、门座起重机、缆索起重机、桅杆起重机、架桥机及升船机，其他类型起重机械可参照使用。

《起重机械—安全监控管理系统》（GB/T28264-2017）是中国国内首个安全监控类的标准，它是在特定情况下加急制定的标准，围绕“安全—监控—管理”，明确操作要安全，过程要监控，事故能追溯。

《起重机械—安全监控管理系统》（GB/T28264-2017）重点突出了起重机械工作的全程监控，并要求系统能够对重要运行参数和安全状态进行记录并管理，具备相关信息进行处理及控制、运行状态及故障信息进行实时记录、历史追溯、故障自诊断等功能。该标准还创造性地提出了视频监视功能的具体要求，同时对系统的检验做出了明确的规定。

《起重机械—安全监控管理系统》（GB/T28264-2017）意义重大，该标准的实施，必将加强对事故风险的监控，保障从业人员生命财产安全及起重机械和运输货物的安全。并可缩短维护人员的排障时间，提高设备运行效率。长期积累的数据还可供技术人员分析判断，为起重机械的优化设计提供依据。

第五章

起重机械电气设备

一、起重机的供电装置

起重机应由专用馈电线供电，并有一根专用接地线。起重机专用馈电线的进线端应装设总断路器，总断路器的出线端不应连接与起重机无关的其他设备。起重机上宜设总断路器，短路时，应有分断该电路的功能。起重机上应设置总线路接触器，应能分断所有机构的动力回路或控制回路。当起重机上已设总机构的空气开关时，可不设总线路接触器。

馈电裸滑线起重机的馈电滑线与周围设备的安全距离与偏差应符合有关规定，否则应采取安全措施。

起重机滑线接触面应平整无锈蚀，导电良好，安装适当，在跨越建筑物伸缩缝时应设补偿装置。

供电主滑线应在非导电接触面涂红色油漆，并在适当位置装置安全标志或安装表示带电的指示灯。

二、起重机的电气设备

起重机的电气设备必须保证传动性能和控制性能准确可靠，在紧急情况下能切断电源安全停车，在安装、维护、调试和使用过程中不得随意改变电路，以防安全装置失效而发生事故。起重机常用电器按产品种类分为以下几种。

（1）低压开关设备：包括低压短路器、熔断器组合开关。

（2）低压控制电器：包括接触器、启动器、热继电器、过电流继电器等。

（3）控制电路电器：包括按钮开关、限位开关、凸轮控制器、主令控制器等。

（4）多功能电器和组合电器：包括自动转换开关、联动台等。

（5）辅助电器和其他低压电器：包括电阻器、频敏变阻器、起重电磁铁等。

以通用桥式起重机为例，它的电气设备主要有各机构用的电动机、制动电磁铁、控制电器和保护电器等。

桥式起重机各机构应采用起重专用电动机，要求具有较高的机械强度和较大的过载能力。应用最广泛的是绕线式异步电动机，这种电动机采用转子外接电阻逐级启动运转，既能限制启动电流确保启动平稳，又可提供足够的启动力矩，并能适应频繁启动、反转、制动、停止等工作的需要。要求较高容量大的场合可采用直流电动机，在小起重量起重机的运行机构中有时采用鼠笼式异步电动机。

绕线式电动机型号为JZR、JZRH和YZR系列电动机，鼠笼式电动机型号为JZ、JZ2和YZ系列电动机。

（二）控制电器

控制电器包括控制器、接触器、电阻器和控制屏等。

1.控制器

（1）主令控制器，主要用于大容量电动机或工作繁重、频繁启动的场合（如抓斗操作）。它通常与控制屏中相应的接触器动作，实现主电动机的正转、反转、制动停止与调速工作。其常用型号为LK4系列和LK14系列。

（2）凸轮控制器：主要用于小起重量起重机的各机构的控制中，直接控制电动机的正、反转和停止。要求控制器具有足够的容量和开闭能力，熄弧性能好，触点接触良好，操作应灵活、轻便，挡位清楚，零位手感明确，工作可靠，便于安装、检修和维护。常用型号为KT10和KT12。

2.接触器

接触器是一种用于远距离频繁地接通和分断交、直流电路与大容量控制电路的电器，还具有低电压释放保护功能、使用安全方便等优点，主要用于控制交、直流电动机。接触器能接通和断开负载电流，因此常与熔断器和热断器配合使用。

接触器主要由电磁系统和触点系统两部分组成。

3.电阻器

电阻器在起重机各机构中用于限制启动电流，实现平稳和调速，要求应有足够的导电能力，各部分连接必须可靠。

（三）保护电器

起重机的保护电器是起重机电气设备必不可少的重要组成部分，为了保护电气设备及工作人员的安全，起重机电气控制系统都要设置必要的电气保护装置。起重机上的电气保护有：切断总动力电源回路的断开装置，主隔离开关的隔离保护，短路保护，总动力电源的失压保护，电动机的零位保护，电动机的过热保护，电动机的超速保护，紧急切断总动力电源的开关保护，起联锁保护作用的安全装置和措施，限制运动行程和工作位置的安全装置，防雷保护，断相保护和错相保护，绝缘保护，接地保护和安全距离，导电裸滑线的安全防护及电击防护（包括直接接触防护和间接接触防护）等。这些保护装置的好坏，直接影响到起重机的安全运行和工作人员的安全。

1.断电保护

（1）总动力电源回路断开装置：起重机供电电源应设总电源开关，该开关应设置在靠近起重机且地面人员易于操作的地方，开关出线端不得连接与起重机无关的电气设备。起重机上低压总电源回路宜设置能够切断所有动力电源的主隔离开关或其他电气隔离装置。起重机上未设主隔离开关或其他电气隔离装置时，总电源开关应具有隔离作用。对起重机的电气设备进行维修检查时，一般均应在断电的情况下进行，因此电气设备与供电电网之间应有隔离开关或其他隔离措施。隔离开关在断开时，必须保持有效的断开距离和明显可见的断开点，使维修人员能够直观地确认总电源电路已断开。

（2）紧急停止开关：紧急切断总动力电源，可以采用直接操作或远距离操作起重机上的总断路器、地面总电源开关。远距离紧急切断总动力电源一般采用不能自动复位的“扳把开关”或不能自动复位的“按钮”。在司机操作位置上紧急切断总动力电源的开关，习惯上称为“紧急断电开关”，目的是停止驱动装置的危险运转。

紧急停止开关是起重机的重要安全保护装置。起重机某一机构发生或将要发生危险，司机操纵凸轮或主令控制器、按钮等不能终止机构运行而可能造成危险时，操纵紧急断电开关应能迅速有效地终止可能造成的危险运行。紧急断电开关必须对任何一个机构都有控制作用，在关键时刻能够断开起重机的总电源。

2.短路保护

起重机的短路保护要求有以下功能：相间短路保护，相线对地短路保护。短路保护可以在短路时自动切断故障电源。这里的“地”是指设备的金属外壳、起重机的金属结构、电源的保护接地线。

起重机总电源回路至少应有一级短路保护。短路保护应由自动断路器或熔断器来实现。自动断路器每相均应有瞬时动作的过电流脱扣器，其整定值应随自动开关形式而定。当起重机上电气设备的绝缘被破坏，控制回路中某一环节有接地或发生相间短路时，总电源短路保护装置应立即动作使起重机断电，避免火灾事故发生。

总电源的短路保护要求每一相都必须设置，以保证任何两相间或任何一相对地发生短路时熔断器熔体熔断或自动断路器动作。总电源的短路保护装置由熔断器或自动断路器完成。

多台起重机共用一组滑线，设置一个地面总电源开关的，则每台起重机上都应另行设置熔断器或自动断路器，作为总电源短路保护装置。

在实际工作中有的企业用铜丝作为熔体，这样就失去了总电源的短路保护作用。当起重机上电气设备的绝缘破坏，控制回路中某一环节有接地或发生相间短路时，容易发生火灾事故。

3.失压保护

起重机总电源由保护柜中主接触器的通断所控制。当电源供电电压较低（低于额定电压的85%）时，因电磁拉力小，主接触器KM的静铁芯不能吸合动铁芯，其主、副触点就不能闭合，即不能合闸（或工作时掉闸），从而可实现欠电压保护。

当起重机供电中断后，凡涉及安全或不宜自动开启的用电设备均应处于断电状态，避免恢复供电后用电设备自动运行。

如果总电源无失压保护，供电电源中断后又恢复供电时，不经手动操作总电源能够自行接通，此时如操作人员误认为总电源仍然无电，有意或无意碰触控制器。将可能导致误动作，发生意外事故；或者因凸轮、主令控制器的零位保护功能失效、运行接触器触点粘连等情况，当供电电源突然来电时，就会造成起重机失控。

在工作中，有的起重机上只设总电源接触器和不能自动复位的紧急断电开关，不设能够自动复位的按钮，用紧急断电开关接通或断开总电源接触器。当供电电源中断后恢复供电时，不经手动操作，总电源接触器能自行接通。这是十分危险的，如果操作人员没有发现，误认为总电源还是无电的，有意或无意碰触控制器，就会造成误动作，从而发生意外事故。

4.零位保护

起重机各传动机构应设有零位保护。运行中若因故障或失压停止运行后需重新恢复供电时，机构不得自行动作，必须人为地将控制器置回零位后，机构才能重新启动。

只有各机构控制器手柄置于零位，即非工作位置，起重机总电源才能接通，避免了在控制器手柄置于工作位置时接通电源而发生危险动作所造成的危害，故对起重机起到零位保护作用。

起重机的执行机构采用凸轮控制器直接控制，一般把各执行机构凸轮控制器的零位触点全部串入总电源接触器的启动控制回路中，实现零位保护。各执行机构凸轮控制器只要有一个不在零位，这个凸轮控制器的零位触点就是断开的，无法接通总电源接触器的启动控制回路。只有把全部凸轮控制器手柄置于零位，总电源接触器线圈的启动控制回路才能构成通路，总电源才能接通。起重机的执行机构采用主令控制器和接触器（控制屏）直接控制，一般把主令控制器的零位触点串入零位继电器的控制回路中，实现零位保护。主令控制器手柄不在零位时，零位触点是断开的，零位继电器控制线圈回路断电，执行机构电动机控制回路无电。此时总电源可以接通，但总电源接通的同时，零位继电器不会动作，执行机构电动机不会启动。

5.电动机的过载保护

电动机应具有如下一种及以上的保护功能，具体选用应按电动机及其控制方式确定。

（1）瞬时或反时限动作的过电流保护，其瞬时动作电流整定值应约为电动机最大启动电流的1.25倍。

（2）在电动机内设置热传感元件。

（3）热过载保护。

起重机上的每个机构均应单独设置过流保护。交流绕线式异步电动机可以采用过电流继电器。笼型交流电动机可采用热继电器或带热脱扣器的自动断路器做过载保护。

采用过电流继电器保护绕线式异步电动机时，在两相中设置的过电流继电器的整定值应不大于电动机额定电流的2.5倍。在第三相中的总过电流继电器的整定值应不大于电动机额定电流的2.25倍加上其余各机构电动机额定电流之和。保护笼型交流电动机的热继电器整定值应不大于电动机额定电流的1.1倍。

6.电动机的超速保护

铸造、淬火起重机的主起升机构，用可控硅定子调压、涡流制动器、能耗制动、可控硅供电、直流机组供电调速以及其他由于调速可能造成超速的起升机构，应有超速保护措施。

超速保护由超速开关、制动器来完成。超速保护开关动作后，切断电动机的驱动电源，支持制动器应自动制动。

7.断相和错相保护

当错相和缺相会引起危险时，应设错相和断相保护。当三相动力电源采用熔断器保护时，其控制线路应具有缺相保护功能。

8.绝缘保护

额定电压不大于500V时，绝缘电阻不低于1M。对于绝缘起重机械，对电气线路对地、吊钩与滑轮、起升机构与小车架、小车架与大车的绝缘值进行测试，其值均不低于1M。对于起重机上的电气控制设备中可能触及的带电裸露部分，应有防止触电的防护措施。

9.接地保护

起重机械必须采用与供电线路的“保护接地线PE”连接的接地方式。

起重机械的轨道应与“保护接地线”连接，但不能作为整机接地线。金属结构应与“保护接地线”连接。

大车与小车之间的车轮、任何其他的滚轮或端梁连接采用的铰链均不能替代必需的导电连接，而应另外用专门的接地线将各部分结构件上的接地点相连接；司机室与起重机本体接地点之间亦必须用接地线相连接，保证起重机各部分都有可靠的接地。

金属软管、硬管、电缆金属护套（编织铠甲、铅护套）均应与供电电源的“保护接地线”连接，但不能作为供电电源的“保护接地线”。

安装在罩上、门上、盖板上的电气设备必须有与相线一起敷设的保护接地线做接地连接，除非这些部位与本体金属结构之间的连接电阻小于0.1Ω。连接点无接触不良，连接点接触电阻不大于0.1Ω。

吊具电动机必须与三根相线一起敷设一根接地线接在电动机接地端子上。

采用铝材或铝合金材料时，必须考虑电蚀问题。

保护接地系统的接地电阻不大于4Ω。

当流动式起重机非在高压线下工作不可时，起重机的金属结构必须设置临时接地极，尽量利用自然接地体和其他人工接地装置，尽量利用已建成的建筑物的接地装置，包括防雷和电气设备的接地装置、水面及大面积埋地金属等，总的接地电阻不大于1Ω。

10.安全距离及其他保护

起重机上的任何部件与高压输电线的最小距离如表5-1所示。

表5-1　起重机上的任何部件与离压输电线的最小距离

输电线路电压u（kV）	<1	1~35	>60
最小距离（m）	1.5	3	0.01（U−50）+3

三、电气回路

桥式起重机电气回路主要有主回路、控制回路及照明信号回路等。

（一）主回路

直接驱使各机构电动机运转的那部分回路称为主回路，如图5-1所示。它是由起重机主滑触线开始，经保护柜刀开关1QS、保护柜接触器主触头，再经过各机构控制器定子触点至各相应电动机，即由电动机外接定子回路和外接转子回路组成。

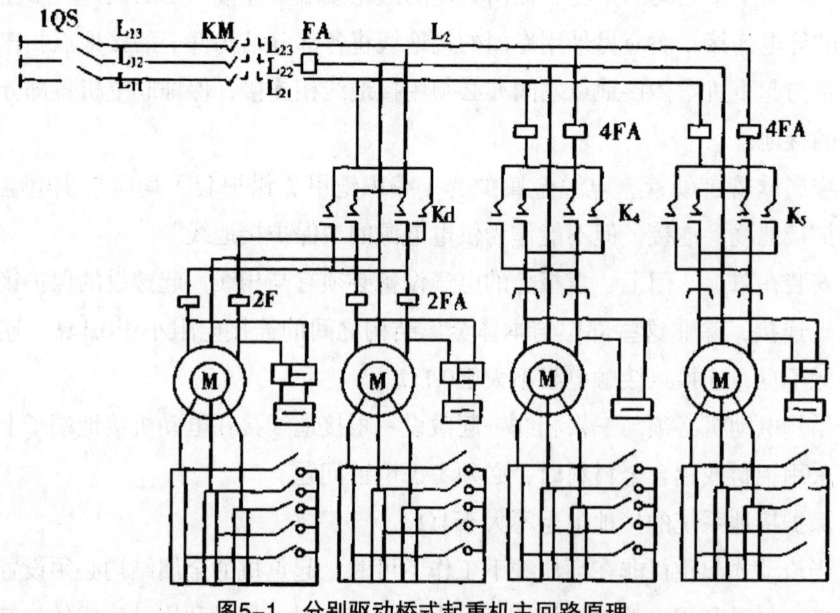

图5-1　分别驱动桥式起重机主回路原理

（二）控制回路

控制回路又称为联锁保护回路，控制起重机总电源的接通与分断，从而实现对起重机的各种安全保护。由控制回路控制起重机总电源的通断，其原理如图5-2所示，左边部分为起重机的主回路，即直接为各机构电动机供电并使其运转的那部分电路；右边部分则为起重机的控制回路。从图5-2中可知，在主回路刀开关1DK推合后，控制回路于A、B处获得接电，而主回路因接触器KM主触点分断未能接电，故整个起重机各机构电动机均未接通电源而无法工作。因此，起重机总电源的接通与分断，就取决于主接触器主触点KM接通与否，而控制回路就是控制主接触器KM主触点的接通与分断，也就是控制起重机总电源的接通与分断，故把这部分控制主回路通断的电路称为控制回路。

控制回路由三部分组成：①号电路，即零位启动部分电路；②号电路，即限位保护部分电路；③号电路，即联锁保护部分电路。在①号电路内包括起升、小车、大车控制器的零位触点（它们分别用SCH、SCS、SCL表示）和启动按钮SB；在②号电路内包括起升、小车和大车限位器的常闭触点（它们分别用SQH、SQS_1、SQS_2、SQL_1、SQL_2表示）；在③号电路中包括主接触器KM的线圈、紧急开关SE、端梁门开关SQ_1和SQ_2，及各过电流继电器FA、FA_1……FA_4的常闭触点。①号电路与②号电路通过主接触器KM的常开联锁触点KM_1、KM_2并接后与③号电路串联接入电源而组成一个完整的控制回路。

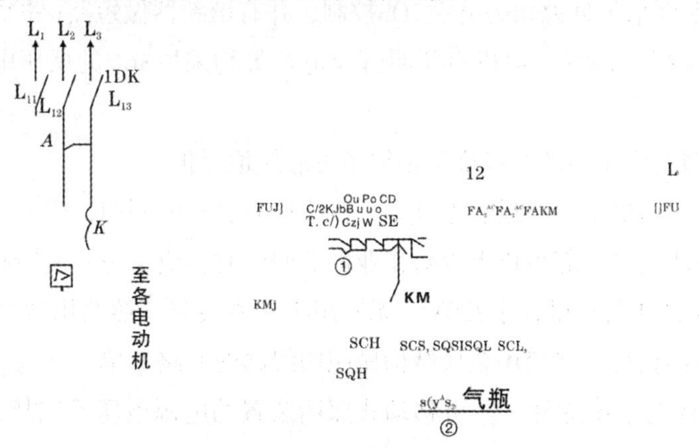

图5-2　通用桥式起重机控制回路原理

（三）照明信号回路

照明信号回路如图5-3所示，其特点如下：

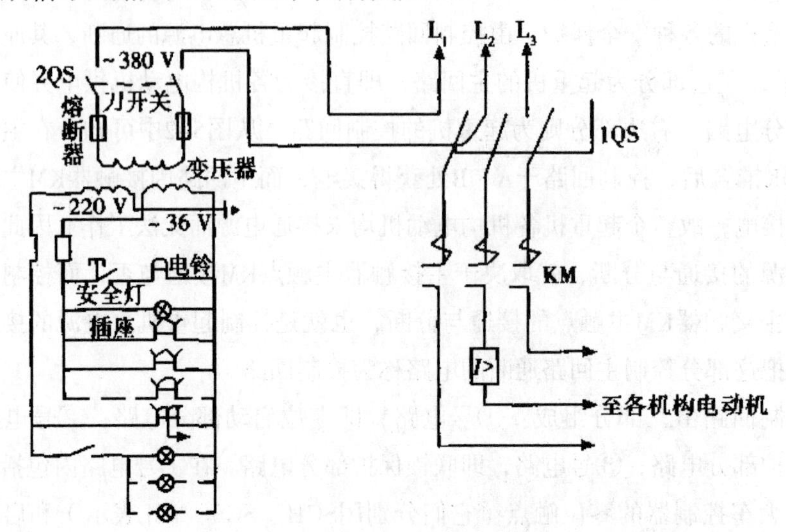

图5-3　照明信号回路

（1）照明信号回路为专用线路，其电源由起重机主断路器的进线端分接，当起重机保护柜主刀开关拉开后（切断1QS）照明信号回路仍然有电供应，以确保停机检修之需要。

（2）照明信号回路由刀开关2QS控制，并有熔断器做短路保护之用。

（3）手提工作灯、司机室照明灯及电铃等均采用36V的低压电源，以确保安全。

（4）照明变压器的次级绕组必须做可靠接地保护。

起重机的司机室、通道、电气室、机房应有合适的照明，当动力电源切断时照明电源不能失电。起重机上设对作业面的照明时，应考虑防震措施。固定式照明装置的电源电压不得大于220V。无专用工作零线时，照明用220V交流电源应由隔离变压器获得，严禁用金属结构做照明线路的回路（单一蓄电池供电，且电压不超过24V的系统除外）。可移动式照明装置的电源电压不应超过36V，交流供电应使用安全隔离变压器，禁止用自耦变压器直接供电。

四、起重机电气控制

起重机对电气操作控制的要求有调速、平稳或快速启制动、纠偏等，其中调速尤为重要。

（一）电气调速

1.直流调速

直流调速有以下方案，固定电压供电的直流串励电动机，改变外串电阻和接法的直流调速；可控电压供电的直流发电机—电动机的直流调速；可控电压供电的晶闸管供电—直流电动机系统的直流调速。

直流调速的特点是：轻载时可削弱电动机磁场，提高运行速度至额定速度的2倍，对使用时间中有相当大的比例处于轻载状态的起重机，可大大提高生产率；有较大的过载能力，对惯性大、速度高的起重机可以缩短启动时间；调速比大，特别是对调速要求较高的场合，往往只有采用直流调速才能做到；启制动性能好（平稳或快速），损耗小，允许使用于频繁启制动和启制动时间比率较高的场合；系统事故率低；附加转速差或转角差自动调节环节，就可以实现电气同步（指可控电压供电）。

2.交流调速

交流调速分为变频调速、变极调速、变转差率调速。

调频调速技术目前已大量地应用到起重机的无级调速作业当中，电子变压变频调速系统的主体——变频器已有系列产品供货。变极调速目前主要应用在葫芦式起重机的鼠笼型双绕组变极电动机上，采用改变电动机极对数来实现调速；变转差率调速方式较多，如改变绕线型异步电动机外串电阻法、转子晶闸管脉冲调速法等。

除了上述调速方式以外，还有双电机调速、液力推动器调速、动力制动调速、转子脉冲调速、涡流制动器调速、定子调压调速等。起重机调速多数采用交流调速，因其系统结构简单、运行可靠、维护方便、价格便宜。

（二）起重机的自动控制

（1）可编程序控制器：程序控制装置一般由电子数字控制系统组成，其程序自动控制功能主要由可编程序控制器来实现。

（2）自动定位装置：起重机的自动定位一般根据被控对象的使用环境、精度要求来确定装置的结构形式。自动定位装置通常使用各种检测元件与继电器接触器或可编程序控制器，相互配合达到自动定位的目的。

（3）大车运行机构的纠偏和电气同步：纠偏分为人为纠偏和自动纠偏。人为纠偏是当偏斜超过一定值后，偏斜信号发生器发出信号，司机停止超前支腿侧的电动机，接通滞后支腿侧的电动机进行调整。当偏斜超过一定值时，纠偏指令发生器发出指令，系统进行自动纠偏。在交流传动中，常采用带有均衡电动机的电轴系统，实现电气同步。

（4）地面操纵、有线与无线遥控：地面操纵多为葫芦式起重机采用，其关键部件是手动按钮开关，即通常所称的手电门。有线遥控是通过专用的电缆或动力线作为载波体，对信号用调制解调传输方式，达到只用少通道即可实现控制的方法。无线遥控是利用现代电子技术，将信息以电波或光波为通道形式传输达到控制的目的。

（5）遥控电路及自动控制电路：对于遥控电路及自动控制电路所控制的任何机构，一旦控制失灵应保证自动停止工作。

五、安全用电及防火基本知识

（一）电流对人体的伤害

1.电流伤害人体的因素

人体是导电的，并且具有一定的电阻。当一定的电压加在人体上时，就有电流通过人体，从而对人体形成热性质的、化学性质的、生理性质的伤害，这是因为电流的热效应、对人体组织电解及电流的刺激使人体内部组织机能破坏。其中，生理性质的伤害最严重，可引起心室颤动或窒息等生理病态，导致死亡。

2.人体触电的形式

由于人体触电，电流对人体作用而发生的事故称为触电事故。按触电形式不同，可把触电方式分为直接触电、跨步电压触电、感应电压触电、残余电荷触电等类型。

（1）直接触电：直接触电是指人体站在地面或接地的金属物体上，人体的某一部分触及一相带电体的触电事故。对于高压带电体，人体虽未直接接触到该带电体，但如果距离太近，高压击穿大气对人体放电，也属单相触电。在触电事故中，多数是属于单相触电。

①单相触电：如图5-4所示，当人体触及某一相带电体时，电流由电源—带电体—人体—大地—变压器接地体、电源零点构成闭合回路。

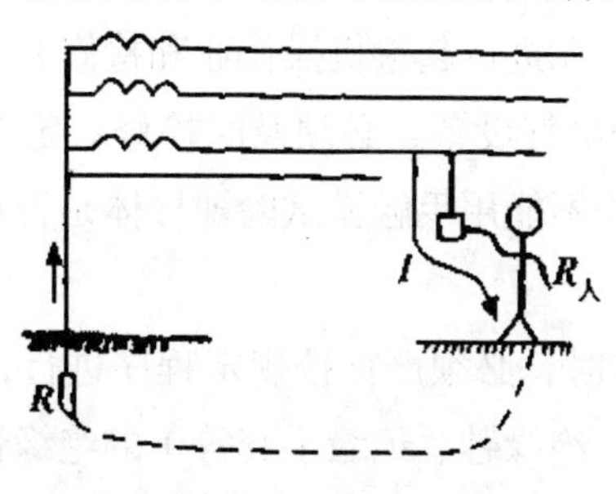

图5-4　单相触电

接触电压触电是指人体站在地上或金属构件上，人的手或其他部位触及漏电设备外壳，由于漏电设备外壳与人体所站地方的电位差造成的触电。接触电压触电也属于单相触电。

②两相触电：如果人体同时触及两相带电体，电流从一条相线通过人体与另一条相线形成回路，就称为两相触电，此时触电的人体承受380V的电压，更具有危险性，如图5-5所示。

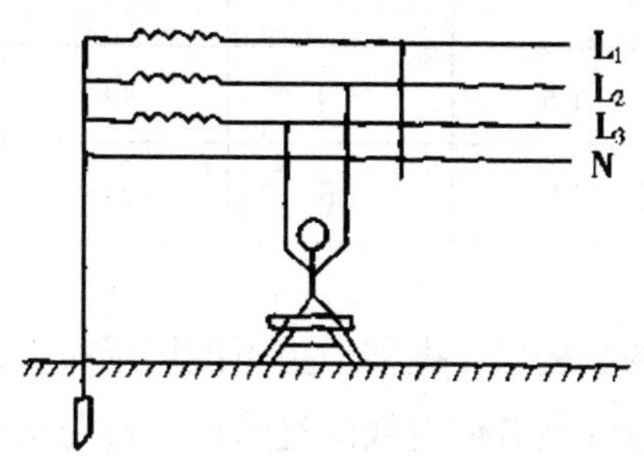

图5-5　两相触电

（2）跨步电压触电：当带电设备接地，并且有电流流入地下时，电流在接地点周围的土壤中产生电压降。此时如果人体行走在接地点周围，人的两脚接触到的地面具有不同的对地电压，因此两脚之间就有电压，此电压就称为跨步电压。因跨步电压引起的触电事故叫跨步电压触电。跨步电压的大小与跨步的大小有关，与距离接地点的远近有关。跨步越大，距接地点越近，跨步电压就越大。对一般接地体而言，离开接地体20m以外，跨步电压接近于零。

（二）安全用电

为了防止触电事故，在进行起重机操作业和检修时，必须注意以下几点：

（1）发现有故障的电气设备，必须及时检修。定期检查绝缘性能，保证用电安全。在任何情况下均不能用手触摸试验裸导体是否带电，必须用完好的验电工具来试验。

（2）进行电气操作时，必须严格按规定程序进行，遵守停电操作的规定。绝缘工具（如绝缘手柄、绝缘鞋、绝缘手套等）的绝缘性能必须良好，并采取防止突然送电的安全措施。

（3）运行操作必须严格按规程进行。断电时应先断负荷开关，后断隔离开关；合上电源时应先合隔离开关，后合负荷开关。

（4）在带电体（如架空电线）附近操作起重机械时，与带电体要保持可靠的安全距离，如表5-2所示。

表5-2　起重机与架空输电导线的安全距离

电压（kV） 安全距离	<1	1~15	20~40	60、100	220
沿垂直方向（m）	1.5	3.0	4.0	5.0	6.0
沿水平方向（m）	1.0	1.5	2.0	4.0	6.0

（5）不能用潮湿的手去操作电器，更不能用湿布去抹擦运行的电气装置。

（6）要注意保护电气装置或电线的绝缘体，避免碰撞、破坏这些绝缘体。

（7）当起重机吊臂、机身误触带电体或架空线，架机人员需要离开机器下车时，切不可一只脚踩在机器的铁梯上，另一只脚跨到地上，这样会受到跨步电压伤害，而应该双脚并拢同时跳下，并跳离带电的机体。

（五）防火基本知识

电气设备发生火灾的直接原因是危险温度、电火花和电弧。电气设备在运行中如发生短路、过载，则设备就会产生大量的热、火花和电弧，使设备（如电动机、电器、电线）中的可燃材料燃烧。

除了电气设备发生故障本身引起火灾以外，还要防止人为造成的火灾和外界火源等原因引起火灾，如司机在工作中违章用火、吸烟等。

起重机发生火灾后，操作人员应沉着采取救护措施，首先要切断电源，然后进行抢救。在救火过程中应使用机器设备配备的灭火器，如二氧化碳灭火器、四氯化碳灭火器，禁止使用泡沫灭火器或用水灭火，以防止触电事故的发生。灭火后要向有关部门报告事故情况，认真分析火灾发生的原因，吸取教训。

第六章

起重作业安全技术

大多数起重作业都需要司机、指挥和司索三者合作配合才能完成，而在以往的施工作业中，往往只重视对起重司机的培养和要求，对指挥和司索的重视程度不够，由此引起的事故也是非常多的。所以，对指挥和司索人员来说，加强学习，提高警惕，避免瞎指挥、错指挥，以及正确地捆扎和识别使用吊索具，是非常有必要的。而对于起重机司机而言，正确无误地理解指挥人员以及其他地面人员发出的信号指令，对提高工作效率，避免事故的发生，都是必不可少的。

凡直接从事指挥起重机械将物体进行起重、吊运全过程的作业称为起重指挥。起重指挥是起重作业的具体组织者。

凡在起重指挥的组织下参加起重作业，直接将物体绑扎、挂钩、牵引等，完成起重、吊运全过程的作业称为起重司索。

指挥和司索人员要严格遵守岗位职责，以及相应的操作规程，还要对被吊运对象有足够的了解和估算，对吊具索具有足够的了解，对吊点的选择，对吊装物体的绑扎方法等都要熟练掌握，才能够避免事故，提高工作效率。

第一节　吊运安全技术

一、物体吊点选择的原则

（一）物体的稳定

起重吊运司索作业中，物体的稳定应从两方面考虑：一是物体吊运过程中应有可靠的稳定性；二是物体放置时应保证有可靠的稳定性。

吊运物体时，为防止提升、运输中发生翻转、摆动、倾斜，应使吊点与被吊物体重心在同一条铅垂线上，如图6-1所示。

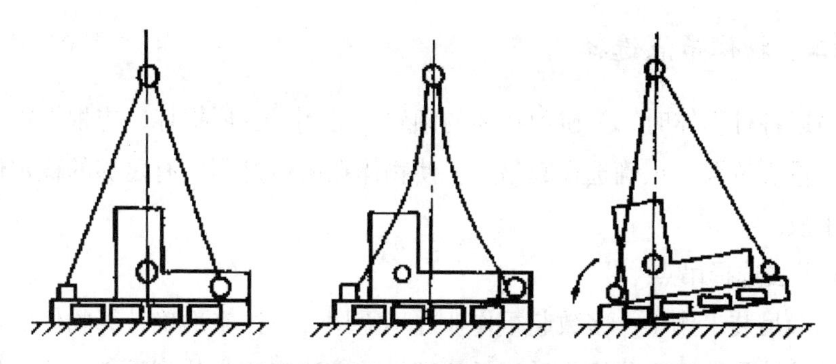

图6–1　吊钩的吊点应与被吊物重心在同一条铅垂线上

放置物体时存在支承面的平衡稳定问题。我们先来看一下长方形物体竖放时不同位置上的不同结果（长方体四种位置），如图6–2所示。

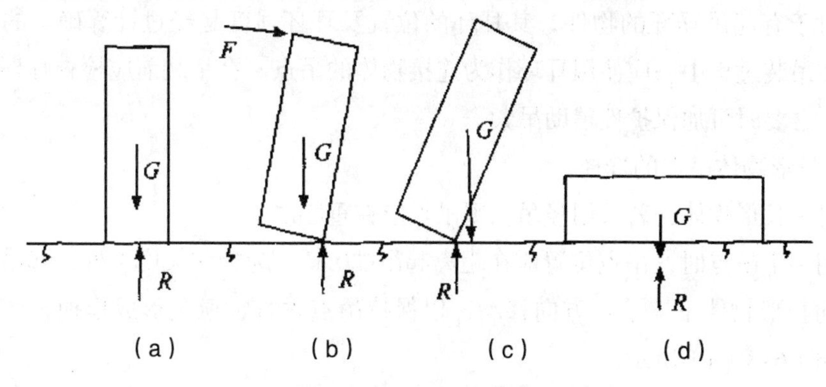

图6–2　长方体四种位置

长方形物体在图6–2（a）所示的位置时，重力G作用线通过物体重心与支反力R处于平衡状态。在图6–2（b）所示的位置时，在F力的作用下，稍有倾斜，但重力G的作用线未超过支承面，此时三个力形成平衡状态，如果去掉F力，物体就会恢复到原来位置。当物体倾斜到重力G作用线超过支承边缘支反力R时，即使不再施加F力，物体也会在重力G及形成的力矩作用下翻倒，即失稳状态，如图6–2（c）所示位置。由此可见，要使原来处于稳定平衡状态的物体，在重力作用下翻倒，必须使物体的重力作用线超出支承面；如果将物体改为平放，如图6–2（d）所示，其重心降低了很多，再使其翻倒就不容易了，这说明立放的物体重心高、支承面小，其稳定性差；而平放的物体重心低、支承面大，稳定性好。因此，在司索吊运工作中，应观察了解物体的形状和重心位置，提高物体放置的稳定性。

（二）物体吊点选择

在吊运各种物体时，为避免物体的倾斜、翻倒、变形损坏，应根据物体的形状特点、重心位置，正确选择起吊点，使物体在吊运过程中有足够的稳定性，以免发生事故。

1.试吊法选择吊点

在一般吊装工作中，多数起重作业并不需用计算法来准确计算物体的重心位置，而是估计物体重心位置，采用低位试吊的方法来逐步找到重心，确定吊点的绑扎位置。

2.有起吊耳环物件吊点的选择

对于有起吊耳环的物件，其耳环的位置及耳环强度是经过计算确定的。因此，在吊装过程中，应使用耳环作为连接物体的吊点。在吊装前应检查耳环是否完好，必要时可加保护性辅助吊索。

3.长形物体吊点的选择

对于长形物体，若采用竖吊，则吊点应在重心之上。

用一个吊点时，吊点位置应在距离起吊端0.3*l*（*l*为物体长度）处，起吊时吊钩应向长形物体下支承点方向移动，以保持吊点垂直，避免形成拖拽，产生碰撞，如图6–3（a）所示。

如采用两个吊点，吊点距物体两端的距离为0.2*l*处，如图6–3（b）所示。

采用三个吊点时，其中两端的吊点距两端的距离为0.13*l*而中间吊点的位置应在 物体中心，如图6–3（c）所示。

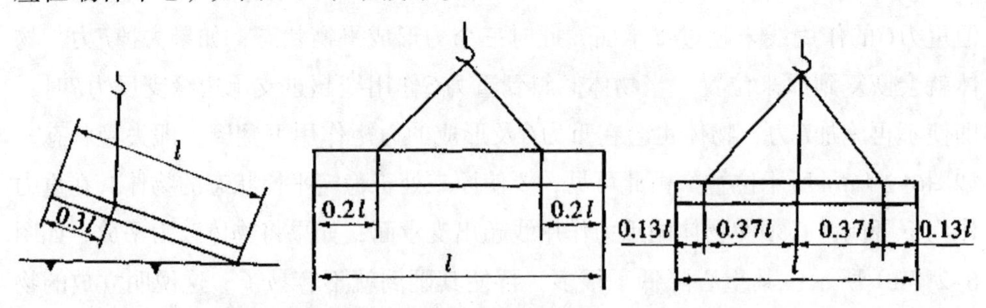

a.一个吊点起吊位置　b.两个吊点起吊位置　c.三个吊点起吊位置

图6–3　长方形物体吊点的选择

在吊运长形刚性物体（如预制构件）时应注意，由于物体变形小或允许变形小，采用多吊点时，必须使各吊索受力尽可能均匀，避免发生物体和吊索的损坏。

4.方形物体吊点的选择

吊装方形物体一般采用四个吊点，四个吊点位置应选择在四边对称的位置上。

5.机械设备安装平衡辅助吊点

在机械设备安装精度要求较高时，为了保证安全顺利地装配，可采用辅助吊点配合简易吊具调节机件所需位置的吊装法。通常多采用环链手拉葫芦来调节机体的位置，如图6–4所示。

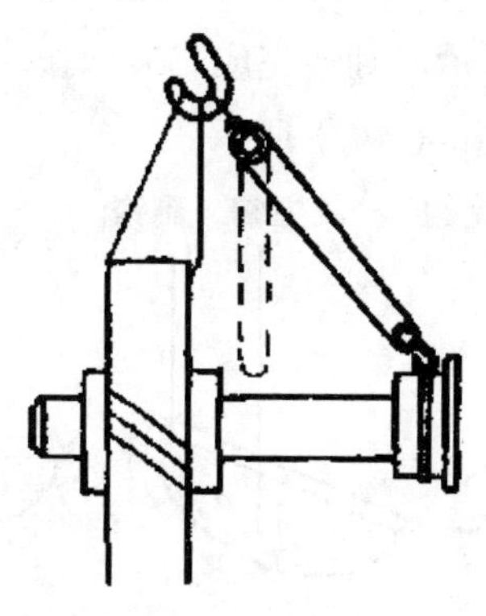

图6–4　调节吊装法

6.物体翻转吊运的选择

物体翻转常见的方法有兜翻，即将吊点选择在物体重心之下，如图6–5（a）所示；或将吊点选择在物体重心一侧，如图6–5（b）所示。

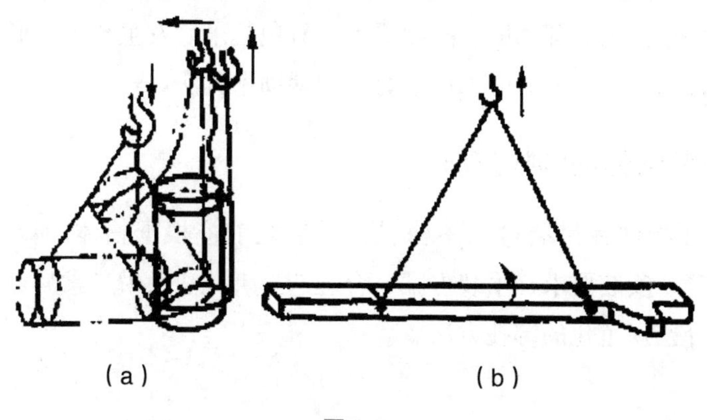

图6–5

物体兜翻时应根据需要加护绳，护绳的长度应略长于物体不稳定状态时的长度，同时应指挥吊车，使吊钩顺翻倒方向移动，避免物体倾倒后的碰撞冲击。

对于大型物体翻转，一般采用绑扎后利用几组滑车或主、副钩或两台起重机在空中完成翻转作业。翻转绑扎时，应根据物体的重心位置、形状特点选择吊点，使物体在空中能顺利安全翻转。

例如，用主、副钩对大型封头的空中翻转，在略高于封头重心相隔180°位置选两个吊装点A和B，在略低于封头重心与A、B中线垂直位置选一吊点C。主钩吊A、B两点，副钩吊C点，起升主钩使封头处在翻转作业空间内，如图6–6（a）所示。副钩上升，用改变其重心的方法使封头开始翻转，直至封头重心越过A、B点，如图6–6（b）所示。翻转完成135° 时，副钩再下降，使封头水平完成180° 空中翻转作业，如图6–6（c）所示。

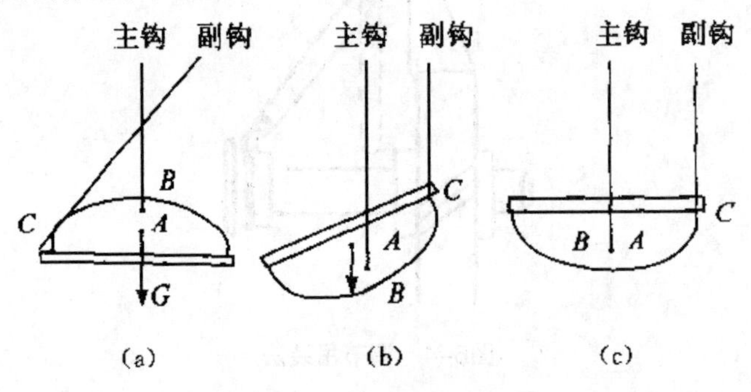

图6–6　封头翻转180°

物体翻转或吊运时，每个吊环、节点承受的力应满足物体的总重量。对大直径薄壁型物体和大型桁架构件吊装，应特别注意所选择吊点是否满足被吊物体整体刚度或构件结构的局部强度、刚度要求，避免起吊后发生整体变形或局部变形而造成的构件损坏，必要时应采用临时加固辅助吊具法。

二、吊装物体的绑扎方法

为了保证物体在吊装过程中稳妥，吊装之前应根据物体的质量、外形特点、精密程度、安装要求、吊装方案、合理选择绑扎法及吊具索具。绑扎的方法很多，应选择已规范化的绑扎方法。

（一）常用绳索打结方法

绳索在使用过程中打成各式各样的绳结，常用的方法如表6–1所示。

表6–1　常用缲索打结方法

序号	绳结名称	简图	用途及特点
1	直结（又称平结、交叉结、果子扣）		用于白棕绳两端的连接，连接牢固，中间放一根短木棒，会容易解开
2	活结		用于白棕绳需要迅速解开
3	组合法（又称单帆索结，三角扣及单绕式双插法）		用于白棕绳或钢丝绳的连接，比直结易结易解
4	双重组合结（又称双帆结、多绕式双插结）		用于白棕绳或钢丝绳两端有拉力时的连接及钢丝绳端与套环相连接，绳结牢靠
5	套连环结		将钢丝绳（或白棕绳）与吊环连接在一起时采用
6	海员结（又称琵琶结、航海结、滑子扣）		用于白棕绳绳头的固定，系结杆件或拖拉物件。绳结牢靠，易解，拉紧后不出死结
7	双套结（又称锁圈结）		用途同上，也可做吊索。结绳牢固可靠，结绳迅速，解开方便
8	梯形结（又称八字扣、猪蹄扣、环扣）		在人字及三角桅杆拴拖拉绳，可在绳中段打结，也可抬吊重物。绳圈易扩大和缩小。绳结牢靠又易解
9	拴住结（锚桩结）		用于缆风绳固定端绳结。用于溜松绳结，可以在受力后慢慢放松，且活头应放在下面

续表

序号	绳结名称	简图	用途及特点
10	双梯形结（又称鲁班结）		主要用于拔桩及桅杆绑扎缆风绳等，绳结紧且不易松脱
11	单套结（又称十字结）		用于钢丝绳的两端或固定绳索
12	双套结（又称双十字结、对结）		用于钢丝绳的两端，也可用于绳端固定
13	抬扣（又称杠棒结）		利用白棕绳搬运轻量物件时利用，抬起重物时绳自然缩紧，结绳、解绳迅速
14	死结（又称死圈扣）		用于重物吊装捆绑，方便牢固安全
15	水手结		用于吊索直接系结杆件起吊。可自动勒紧，容易解开绳索
16	瓶口结		用于拴绑起吊圆柱形杆件，特点是越拉越紧
17	桅杆结		用于竖立桅杆，牢固可靠
18	抬缸结		用于抬缸或吊运圆形物件

（二）柱形物体的绑扎方法

1.平行吊装绑扎法

平行吊装绑扎法一般有两种。一种方法是用一个吊点，仅用于短小、重量轻的物品，在绑扎前应找准物件的重心，使被吊装的物件处于水平状态。这种方法简便实用，常采用单支吊索穿套结索法吊装作业。根据所吊物件的整体和松散性，选用单圈或双圈。如图6–7。

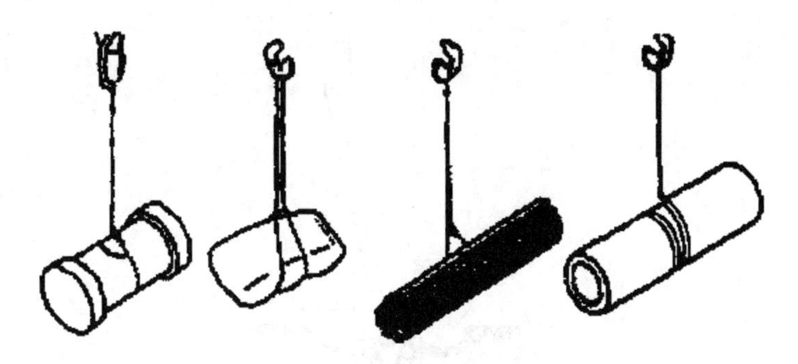

(a)单圈　　(b)双圈

图6-7 单双圈穿套结索法

另一种方法是用两个吊点，这种吊装方法是绑扎在物件的两端，常采用双支穿套结索法和吊篮式结索法，如图6-8所示。

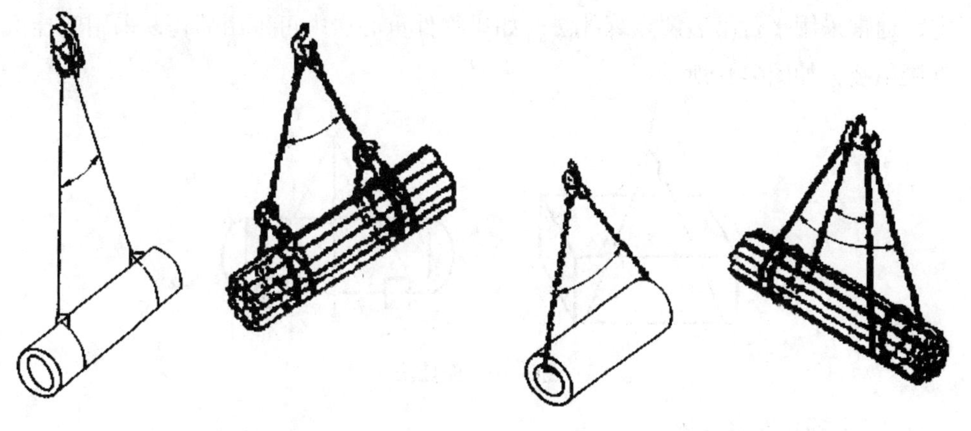

(a)双支单双圈穿套结索法　　(b)吊篮式结索法

图6-8 单双圈穿套及吊篮结索法

2.垂直斜形吊装绑扎法

垂直斜形吊装绑扎法多用于物件外形尺寸较长、对物件安装有特殊要求的场合。其绑扎点多为一点绑扎（也可两点绑扎）。绑扎位置在物体端部，绑扎时应根据物件质量选择吊索和卸扣，并采用双圈或双圈以上穿套结索法，防止物件吊起后发生滑脱，如图6-9所示。

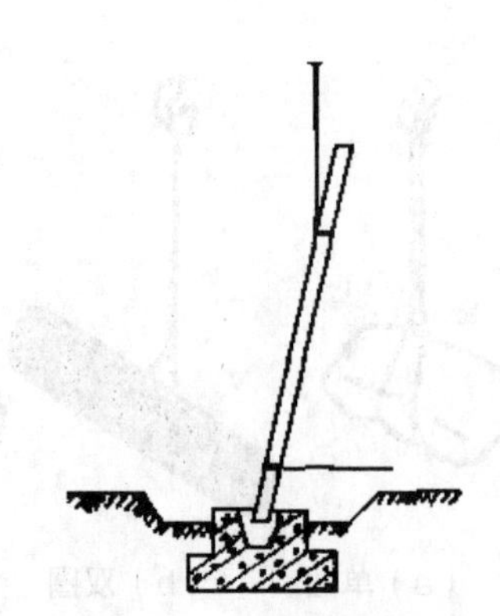

图6-9　垂直吊装绑扎

（1）长方形物体的绑扎方法

长方形物体绑扎方法较多，应根据作业的类型、环境、设备的重心位置来确定，通常采用平行吊装两点绑扎法。如果物件重心居中可不用绑扎，采用兜挂法直接吊装，如图6-10所示。

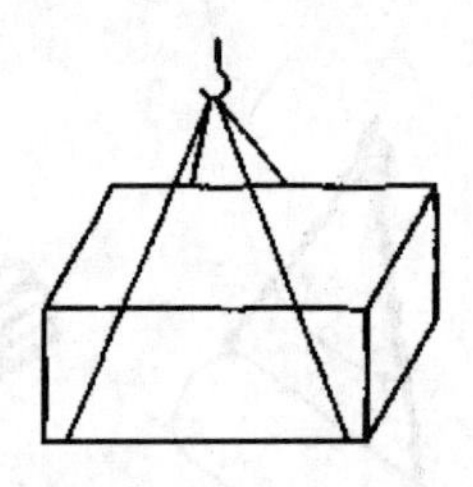

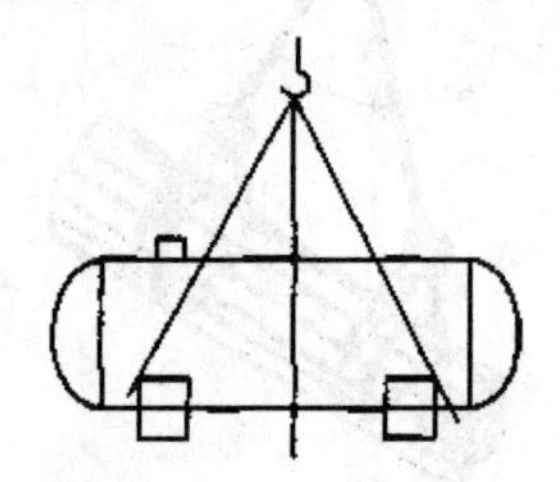

图6-10　兜挂法

（2）绑扎安全要求

①用于绑扎的钢丝绳吊索不得用插接、打结或绳卡固定连接的方法缩短或加长。绑扎时锐角处应加防护衬垫，以防钢丝绳损坏。

②采用穿套结索法，应选用足够长的吊索，以确保挡套处角度不超过120°，且在挡套处不得向下施加损坏吊索的压紧力。

③吊索绕过吊重的曲率半径应不小于该绳直径的2倍。

④绑扎吊运大型或薄壁物件时，应采取加固措施。

⑤注意风载荷对物体引起的受力变化。

三、起重吊运安全技术要求

（一）起重指挥安全技术要求

1.指挥人员应用熟知指挥信号，及时与起重机司机沟通联系。在起重作业过程中几个人不可以同时指挥。指挥人员必须经安全技术培训，经特种设备安全监督管理部门考核合格，并发给安全技术操作证后，方可从事指挥。

2.负载降落前，指挥人员必须确认降落区域安全后方可发出降落信号，保护负载降落地点的人身、设备安全。

3.作业进行的整个过程中（特别是重物悬挂在空中时），指挥和司索都不得擅离职守，应密切注意观察吊物及周围情况，发现问题，及时发出指挥信号。

（二）司索安全技术要求及注意事项

1.准备吊具时

（1）对吊物的重量和重心估计要准确，如果是目测估算，应增大20%选择吊具。

（2）每次吊装时都要对吊具进行认真的安全检查，如果是旧吊索，应该根据情况降级使用，绝不可侥幸超载或使用已报废的吊具。

2.捆绑吊物时

（1）对吊物进行必要的归类、清理和检查。吊物不能被其他物体挤压，被埋物体要完全挖出。

（2）切断与周围管、线的一切联系，防止造成超载。

（3）清除吊物表面或空腔内的杂物，将可移动的零件锁紧或捆牢，形状或尺寸不同的物体不经特殊捆绑不得混吊，防止坠落伤人。

（4）吊物捆扎部位的毛刺要打磨平滑，尖棱利角应加垫物，防止起吊后损坏吊索。

（5）对于有可能晃动的重物，必须拴拉诱导绳，诱导绳长应能使司索工握住绳头，同时能避开吊物正下方，以便发生意外时司索工可利用该绳控制吊物。

（6）吊索各分支间夹角一般不应超过90°（一般为60°~90°），最大不得超过120°。吊索与所吊钩件间的水平夹角a=45°~60°，一般不要小于30°，控制在45°~60°之间。吊索内力不仅与物件的重量有关，还和吊索与水平面夹角有关，夹角越大，内力越小；反之，夹角越小，吊索内力越大，而且它的水平力还对起吊物件产生相当的压力。吊索最理想状态为垂直。

3.吊物起钩时

（1）吊钩要位于被吊物重心正上方，不准斜拉歪吊，防止提升后吊物翻转、摆动。

（2）吊物高大需要垫物攀高挂钩、摘钩时，脚踏物一定要稳固垫实，禁止使用易滚动物体（如圆木、管子、滚筒等）作为脚踏物。

（3）攀高必须佩戴安全带，防止人员坠落跌伤。

（4）挂钩要坚持“五不挂”，即起重或吊物重量不明不挂，重心不清楚不挂，尖棱利角和易滑工件无衬垫不挂，吊具及配套工具不合格或报废不挂，包装松散捆绑不良不挂等，将安全隐患消除在挂钩前。

（5）当多人吊挂同一吊物时，应由一个专人负责指挥，在确认吊挂完毕，所有人员都离开站在安全位置以后，才可发出起钩信号。

（6）起钩时，地面人员不应站在吊物倾翻、坠落可波及的地方。如果作业场地为斜面，则应站在斜面上方（不可在死角），防止吊物坠落后继续沿斜面滚移伤人。

（7）起吊物件应拉溜绳，速度要均匀，禁止突然制动和变换方向，平移应高出障碍物（0.5m）以上，下落应低速轻放，防止倾倒。

4.摘钩卸钩时

（1）吊物运输到位置，应选好安置位置，卸载不要挤压电气线路和其他管线。

（2）针对不同吊物种类应采取不同措施加以支撑、垫稳、归类摆放，不得混码、互相挤压、悬空摆放，防止吊物滚落，侧倒、倒塌。

（3）摘钩时应等所有吊索完全松弛再进行，确认所有绳索从钩上卸下再起钩，不允许抖绳摘索，更不允许利用起重机抽索。

5.抽绳卸扣时

（1）抽绳时，吊钩应与吊物重心保持垂直，缓慢起绳，不得斜拉、强拉，不得旋转吊臂抽绳。如遇吊绳被压，应立即停止抽绳，可采用提头试吊方法抽绳。吊运易损、易滚、易倒的吊物时不得使用起重机抽绳。

（2）卸扣使用时，应注意作用在卸扣的受力方向，应符合受力要求。卸扣不应超负荷使用。安装横销轴时，螺纹旋足后应回旋半扣，防止螺纹旋紧后受力方向相同，使销轴难以拆卸。卸扣任何部位产生裂纹、塑性变形、螺纹脱扣、销轴和扣体断面磨损达原尺寸的3%~5%时应报废。

第二节　起重作业安全知识

起重机械作业人员除了要严格遵守各自的岗位职责和操作规程之外，自身工作中的技术水平和相应的安全知识，也直接关系到工作人员和设备的安全，所以有必要对此给予足够的重视。

一、起重吊装作业安全基本要求

（一）作业前的基本要求

（1）严格遵守交接班制度，做好交接班工作。

（2）对起重机做全面检查。在确认一切正常后，即推合保护柜总刀开关，启动起重机。对各机构进行空车试运转，仔细检查各安全联锁开关及限位开关工作的灵敏可靠性，并记录于交接日记中。

（3）对起升机构制动器工作的可靠性应做试吊检查，检验制动的可靠性不合格时，应及时调整制动器，不可“带病”工作。

（二）作业中的基本要求

（1）在下列情况下，作业人员发出警告信号：①起重机在启动后即将开动前；②靠近同跨其他起重机时；③在起吊和下降吊钩时；④吊物在移动过程中，接近地面工作人员时；⑤起重机在吊运通道上方吊物运行时；⑥起重机在吊运过程中设备发生故障时。

（2）不准用限位器作为断电停车手段。

（3）严禁吊运的货物从人上方通过或停留，吊物到达通道前的运行中，应高出其越过地面最高设备0.5m为宜。当吊物到达通道后，应降下吊物使其以离地面0.5m的高度沿吊运安全通道移动。

（4）操纵电磁吸盘或抓斗起重机时，禁止任何人员在移动吊物下面工作或通过，应划出危险区并立警示牌，以引起人们的重视。

（5）起重机作业人员要做到“十不吊”：①指挥信号不明确和违章指挥的不吊；②超载的不吊；③工件或重物捆绑不牢的不吊；④吊物上有人不吊；⑤安全装置不齐全、不完好、动作不灵敏或有失效者不吊；⑥工作埋在地下或与地面建筑物、设备有钩挂时不吊；⑦光线隐暗视线不清时不吊；⑧有棱角吊物无防切割隔离保护措施不吊；⑨斜拉歪拽的工件不吊；⑩钢水包过满有洒漏危险的不吊。

（6）在开动任何机构控制器时，不允许猛烈迅速扳转其手柄，应逐步推挡，确保起重机平稳启动运行。

（7）不准使用限位器及联锁开关作为停车手段。

（8）除遇有非常情况外，不允许打反车。

（9）不允许三个以上的机构同时运转。

（10）在操作中，作业人员只听专职指挥员的指令进行工作，但对任何人发出的停车信号必须立即执行，不得违反。

（三）作业完毕后的基本要求

（1）应将吊钩提升到较高位置，不准在下面悬吊而妨碍地面人员行动；吊钩上不准悬吊挂具或吊物等。

（2）将小车停在远离起重机滑线的一端，不准停于跨中部位；大车应开到固定停靠位置。

（3）电磁吸盘或抓斗、料箱等取物装置，应降落至地面或停于平台上，不允许长期悬吊。

（4）将各机构控制器手柄扳回零位，扳开紧急断电开关，拉下保护柜主刀开关手柄，将起重机转动过程中的情况和检查时发现的情况记录于交接班日记中，关好司机室门下车。

（5）室外工作的起重机工作完毕后，应将大车上好夹轨钳并锚固牢靠。

（6）与下一班作业人员做好交接工作。

（四）交接班制度

（1）对于连续工作的起重机，每班应安排一定的时间进行交接班检查和维护；对于不连续工作的起重机，检查维护应在工作前进行。

（2）起重机工作完毕，当班司机应将空钩起升到上限位置，把起重机开到规定的停车位置，将控制器拨到零位，断开主闸电源开关。

（3）当班司机下班前应对起重机进行清扫、擦拭、整理、润滑。

（4）当班司机要认真填写交班记录或当班操作留言，详细记录操作中的隐患、故障，并当面向接班人介绍当班的工作情况、设备运转情况以及有关安全事项。

（5）接班司机应认真听取上一班工作情况介绍，查阅上一班交班记录和工作留言，并主动问清情况。

（6）接班司机应在工作前检查操纵系统是否灵活可靠，制动器是否良好，查看吊钩、钢丝绳、滑轮、安全保护装置等有无隐患；进行空载试运转时，检查限位开关、行程限制器、紧急开关等安全装置是否灵敏有效。

（7）接班司机在工作前检查发现问题，及时修复后方可使用。

（8）交接工作结束，双方确认正常无误后，交、接班人员共同在交接班记录上签字，交班人员才能离开岗位。

二、起重机械的操作

（一）对司机操作的基本要求

起重机司机在严格遵守各种规章制度的前提下，在操作中应做到以下五点：

1.稳

司机在操作起重机的过程中，必须做到启动、制动平稳，吊钩、吊具和吊物不游摆。

2.准

在操作稳的基础上，吊钩、吊具和吊物应准确地停在指定位置上方降落。

3.快

在稳、准的基础上，协调相应各机构动作，缩短工作循环时间，提高起重机的工作效率。

4.安全

确保起重机在完好情况下可靠、有效地工作。在操作中，严格执行起重机安全技术操作规程，不发生任何人身和设备事故。

5.合理

在了解掌握起重机性能和电动机机械特性的基础上，根据吊物的具体状况，正确地操作控制器并做到合理控制，使起重机运转既安全而又经济。

（二）基本操作技术

起重机司机要做好以上要求需要长期的实践和学习，下面总结出常见的起重机械作业方式。

1.准确“停钩”

在吊运物件时，为把吊钩准确地停在被吊物件的上方，要用大、小车进行“找正”。大车比较容易掌握，因为吊钩几乎是在司机的正面，而判断小车停得正不正，就要一边挂钩一边观察吊物的钢丝绳受力情况。如果吊钩一边的绳子先受力，另一边的绳子后受力，就说明吊钩偏离一边了，这时应把车开向绳子先受力的一侧，当两侧绳子受力相等时，车就停在正确位置上了。

2.起升

吊物起升和降落时，都要避免吊物摆动，以防造成碰撞事故和对起重机产生冲击力。因此，起吊时应使吊钩与重物重心在一条垂直线上，并应缓缓起钩，不可起吊过猛。当对吊物重量不清时，应先将控制器手柄拉到二挡（起重转矩约为电动机额定转矩的140%），如果吊不起来，说明已超载或电动机等发生故障，这时应弄清起重量或排除故障后再操作，不可强行起吊。吊物运到指定位置，应对准落点缓缓下落吊钩，不可急速下落再突然刹车。

3.平稳运行

吊物是通过大小车配合运动到指定位置的。为避免运行中反复启动（俗称“打碎车”），应适当掌握控制器的启动次数。反复的启制动会产生冲击载荷，使吊物摆动，从而影响机构的平稳运行；反复的启制动还会增加起重机的疲劳程度，使机构接电次数增多，对电气设备和机构零件寿命都有不利影响。

4.降落就位

起重机起升机构降落就位时要平稳。如果降落就位时起重机上下振动，会给机器装配、翻砂扣箱等工作造成困难，甚至不能顺利进行。起重机起升机构降落就位（或起车）时产生的振动，除与制动器调整的紧松程度有关外，主要决定于司机的操作方法是否合理。

司机在作业中，必须对基本的操作方法反复研究，深刻领会，这样对提高起重工作效率、保证产品质量和安全生产是非常重要的。

5.稳钩操作

使摆动着的吊钩（或工作物）停于所需位置或使吊钩（或工作物）随起重机平稳运行的操作方法，称为稳钩。稳钩是司机的基本操作技术之一。

吊钩（或工作物）的游摆情况有以下几种：横向游摆，纵向游摆，斜向游摆，综合性游摆（即游圈钩），吊钩与被吊物件相互游摆。

吊钩或工作物游摆时，可以简单地认为它受两个力的作用：一个是垂直方向的重力，另一个是水平方向的力。吊钩（或工作物）产生游摆的主要原因是水平方向力的作用，稳钩也就是设法消除这个水平力的作用。

稳钩方法是通常分为一般稳钩、原地稳钩、起车稳钩、运行稳钩、停车稳钩和稳抖动钩、稳圆弧钩等多种。

（1）一般稳钩：一般稳钩就是当吊钩向前摆动时，将运行机构向吊钩（或吊物）摆动的方向跟车。当吊钩摆动到前方，接近顶点（即吊钩摆到终点快要往回摆）时，将运行机构的控制器拉回零位，使钢丝绳垂直。

（2）原地稳钩：原地稳钩要求掌握好吊钩摆动的角度。当吊钩向前摆动时，运行机构向前跟进吊钩原摆幅的一半，吊钩回摆时再向后跟进吊钩原摆幅的一半，起重机停在原位，钢丝绳成垂直状态。

（3）起车稳钩：起车稳钩是保证吊物平稳运行的关键。起车时，车体由静止状态变为向前运动状态，但吊钩和钢丝绳由于惯性作用必然滞后；而在运行过程中，由于重力作用又会向前摆动，造成吊物运行不稳。起车稳钩时，应在运行机构启动，吊钩出现摆动后，立即将控制器手柄拉回零位，制动器刹闸，吊钩就会在惯性作用下继续向前摆动。这时，司机可根据吊钩摆幅大小掌握重新起车的速度，使车体与吊钩同步运行。

（4）运行稳钩：运行稳钩是控制吊钩在运行中摆动的一种方法。当吊钩在运行中间向前摆时，应加快运行机构的速度，以跟上吊钩的摆动速度；当吊钩开始向后摆时，则应减慢运行机构的速度，以减小吊钩的回摆幅度。通过这样反复几次运行稳钩，即可使吊物与车体同步运行而不摆动。

（5）停车稳钩：大、小车运行到指定位置停住后，吊钩仍会在惯性作用下向前摆动，这时应在停车后立即启动运行机构再次跟车，其基本方法与一般稳钩方法相同。

（6）稳抖动钩：由于两根吊索长短不一，起吊时重物滑动重心偏移，或者吊钩与吊物重心不在一条垂直线上，就可能造成起吊时重物以慢速大幅度来回摆动，而吊挂吊索的吊钩却以快速小幅度抖动（重物来回摆动一次，吊钩可能抖动几次），这种现象称为抖动钩。因为吊钩的抖动和吊物的摆动不同步，所以稳抖动钩难度较大，必须在抓准吊钩和重物向前或向后摆动方向相同时，拉动控制器手柄快速跟钩，再快速拉回零位进行稳钩。

（7）稳圆弧钩：当运行启动时，如果操作不当，会使吊钩做圆弧运动，这种圆弧钩的稳钩难度较大，需要大小车控制器同时动作，追着吊钩做近似的圆弧运动，以减小不同步程度。

6.翻活操作

翻活是驾驶员经常遇到的一种操作，分为地面翻活和空中翻活两种。在地面翻活时，一般用一个吊钩操作；在空中翻活时，一般用两个吊钩操作。空中翻活极少应用，应用最多的是地面翻活。翻活如果操作不当，容易出事故。

翻活操作必须保证符合以下要求：地面人员的人身安全；起重机不受冲击、振动；被翻物件本体不被碰撞；翻转区域（范围）内其他物体（或设备）不被碰撞。

地面翻活分兜翻、游翻、带翻3种。

（1）兜翻。兜翻也叫兜底翻，是把翻物用的钢丝绳扣住在被翻物件的底部或侧面的下角部位，吊钩必须垂直往上吊，边起吊边调整大（小）车，使吊钩始终处于垂直状态。被翻物件的重心越过支承点时，就自已翻倒过去。在物件自行翻转的瞬间，不论翻物用的钢丝绳松紧程度如何，都要立即向下落钩。

兜翻主要用于不怕碰撞的毛坯件。加工后的精密件不允许进行兜翻。兜翻的时候，要特别注意绳扣兜挂的位置。吊钩一定要兜挂在被翻转物件的底部或两侧的下角部位，不能兜挂在侧面的中部，以防止起重机受震。在兜翻形状稍微复杂的物件时，一定要估计到被翻物件自行翻转后发生连续翻动的可能性，连续翻动除会使起重机受振动外，还可能涉及翻物区域的人身与设备安全。

（2）游翻。游翻主要用于扁体物件的翻转，如大型齿轮毛坯和空砂箱等。游翻操作，是把被翻物件吊起适当高度后，再开车造成人为游摆，在被翻物件摆到最大幅度的瞬间迅速落钩，被翻物件下部着地后，上部就在惯性作用下继续向前倾倒。这时吊钩要一直顺势往下落，同时开车进行校正，使吊钩在翻转过程中保持垂直。在游翻过程中，要使被翻物件恰好处于垂直或接近垂直的瞬间着地。

（3）带翻。带翻操作是把被翻物体吊起来后，再立着落下，落到使钢丝绳绷紧的程度，然后向要翻的方向开车，把被翻物体带倒。在被翻物体趋于自行倾倒时，要顺势落钩，落钩时要使吊钩保持垂直。

带翻作业过程中因无碰撞，不致造成被翻物的损坏，故适用于造好型的砂箱和已加工的物件，应用较为广泛。

带翻作业的实质是用斜拉的方法进行翻活，这是工艺过程所必需的正常操作，但要注意翻活时斜拉角度不可大于5°，因大于5°时斜拉容易使钢丝绳在滑轮或卷筒上脱槽。如果出现大于5°的带翻作业，应采取不同的吊挂方法，或在被翻件下垫枕木，以改变重心位置，减小带翻的斜拉角度。

翻活操作的好坏决定于捆绑与司机操作得当两个方面。如果捆绑或操作不当，不但能造成安全和质量事故，而且会造成起重机的损坏。该操作的关键是动作迅速果断，能掌握动作时机，保证翻活质量，而又不使起重机受到冲击、震动。

7.轻起轻放减少震动

起重机在落钩和停车时上下震动，会给要求较精确的机器装配、翻砂扣箱等工作带来困难，甚至使其不能进行，也影响吊装作业的生产率。起重机起升机构在停车或启动时产生的震动，除与制动器调整的松紧有关外，重要的是取决于司机的操作是否合理。

吊起重物时，在捆绑绳接近拉直时，要缓慢地起升，边起升边校正大小车的位置，不可突然吊起，因突然起吊会引起桥架震动。在放置重物时，也必须一下一下地降落，一落到底容易使被吊物件倾倒，造成事故，而且也容易引起桥架振动。总之，司机在操作时，必须轻起轻放，起吊和落钩要慢，中间运行要稳，这样才能做到安全生产。

8.尽量避免在司机室端吊运

由于司机室的影响，对处于司机室端的工作物，往往需要司机站立操作，且观察极不方便；尤其在将重物吊起后，需要向司机室一边开动大车时，司机视线被司机室挡住容易造成事故。在这种情况下应先把工作物吊到安全通道上，后把工作物吊运到目的地。

9.大、小车运行机构的安全操作

吊钩的移动是靠大、小车运行机构来完成的，在移动过程中，保证吊物不游摆，做到起车稳、运行稳、停车稳而准确是对运行机构操作的基本要求。为此，司机应做到如下几点。

（1）司机必须熟悉大、小车运行性能，掌握大、小车的运行速度及制动行程。

（2）工作前应检查制动行程是否符合安全技术要求，如不符合，则应调整制动器，使之符合有关规定。

（3）在开动大、小车时，应逐步扳起控制器手柄，逐级切除电阻，在10～20s范围内使大、小车由零达到额定速度，以确保大、小车运行平稳，严禁猛烈启动和加速。

（4）由于吊物是用挠性的钢丝绳与车体连接，当开动大、小车时，吊物的惯性作用，必然滞后于车体而产生游摆趋势。反之，当停车时，车体在机械制动下停止而吊物却因惯性作用仍向前运动，同样会产生吊物游摆。因此，要求司机做到起车稳、运行稳和停车稳的“三稳”操作。

①起车稳：大、小车启动后先回零位一次，当吊物向前游摆时，迅速跟车一次，即可使吊物当其重力线与钢丝绳均处于铅垂位置时达到与车体同速运行而消除游摆。

②运行稳：在大、小车运行中如发现吊物游摆现象，则可顺着吊物的游摆方向，顺势加速跟车，使车体跟上超前的吊物以使其达到平衡状态而消除游摆。

③停车稳：大、小车到达指定位置前，应将控制器手柄逐步拉回以使车速逐渐减慢，并有意识地拉回零位后再短暂送电跟车一次，使吊物处于平衡而不游摆状态，然后靠制动滑行停车。

④司机在正式开车前，应对吊运工艺路线，指定位置及其周围环境了解清楚，并根据车速大小、运行距离选择适宜的操作挡位及跟车次数，尽量避免反复

地启动、制动，不但能保证大、小车运行平稳，而且可使起重机免受反复启制动的损害。

⑤严禁打反车制动，需要反方向运行时，必须待控制手柄回零，车体停止后再反方向开车。

三、特殊操作技术

下面仅就桥式起重机的几种特殊操作技术予以简要介绍。其他类型的起重机械操作人员可根据实际的情况，判断是否适用并根据工况灵活操作。

（一）被吊物件重量不明

在实际生产吊运中，经常会遇到被吊物件重量难以估计，而又要求及时吊运的情况。如遇这种情况，起重司机按“十不吊”原则拒绝吊运是正确的。这里介绍一下试吊检重的方法，可以解决这个问题。

按起重机设计规定，在上升第二挡时电动机启动转矩为额定转矩的140%，利用这一特点，当被吊物件重量不明时，可以用上升二挡试吊，如能起吊，则说明重物未超过最大允许负荷，反之即为超载，不能强行起吊。用来试吊的起重机必须是按标准设计制造的，并且起升机构、电气、机械零部件工作正常。

试吊的时间不能超过2s，过长时会使电动机等电气元件受损害，重物吊起高度不应超过0.5m，并且“点车”方法检验主卷扬制动器是否灵活可靠，在确定制动器可靠后，方可按吊运负荷要求试吊。

（二）遇到吊物视线受阻时

当司机与吊物之间有障碍物而影响司机视线时，如果司机熟悉周围情况，并且对自己的操作和判断较有把握时，可以先大致将钩对正，而后听从起重指挥进行操作。否则，必须严格按指挥员的指挥信号操作，指挥人员必须有两个，一人位于吊物处指挥，另一人位于司机及第一指挥人都能看到的位置传递信号。

（三）精密物件的吊运

吊运精密物件，必须有熟练的操作技术。操作时，要求指挥人员的指挥信号清晰明了，起重机操作人员操作准确，求稳不图快。当精密物件接近地面、障碍物、落点或安装接合时，一定要用“点车”，不能连续动作，每次动作间隔时间稍长一些。在确认指挥信号无误时，方可再次动作，避免物件产生较大振幅。

（四）双吊钩起重机操作

双吊钩起重机在主、副钩换用时，两钩在达到相同高度后，不准再同时开动两个钩。否则，司机只注意下来的吊钩而忘记上升的吊钩，一旦起升限位失灵就会造成吊钩上天的事故。另外，如同时开动两个吊钩，又开动大、小车，上升的吊钩就会产生严重的游摆，如是重锤式的起升限位器，而游摆幅度又超过了重锤的杠杆，这样即使起升限位作用正常，由于吊挂装置没有碰到限位杠杆，也会导致“吊钩上天”。

吊运重物是用主钩还是用副钩，主要决定于工作物的重量，这就要求司机有估计物件重量的能力。要禁止为了省事、懒得更换吊钩，使副钩超载或主钩吊运重量轻的物件。

双钩起重机禁止两个钩同时吊运两个工作物，因为司机的注意力难以集中在两个工作物件上，容易引起事故。

在遇有两个吊钩同时吊运一个工作物，司机操作时就要一个钩一个钩地动作。因为主钩和副钩的速度不一致，同时开动，容易造成工作物的不稳或翻转等事故。

（五）同一轨道上有几台起重机工作时

多台起重机在同一轨道上工作，彼此应加强联系。在一般情况下，空车应给吊有工作物的车让道，轻车应给重车让道。在两车相距5m以上时应发出信号，两车最小距离不得小于2m，尤其在重车情况下，两车相距太近，中间支柱受力太大，很不安全。要避免两车相互撞击，也不准用自己的车去推动其他的车，因为大车制动器大多是常闭式的，推车容易造成制动带迅速磨损，当制动器较紧时还能损坏传动装置，这是很危险的。

（六）两车的操作

由于工作物重大和桥式起重机起重量的限制，用两台桥式起重机共同吊运一个工作物的操作称为两车操作。两车作业有如下两种情况：

（1）工作物长大，在工作物的两头直接用钢丝绳捆绑，分别挂于两台起重机的吊钩上进行吊动；

（2）工作物体积小，重量大，容不下两台桥式起重机同时吊运，两台桥式起重机中间用横梁联系，分别处于横梁两端，在横梁下部再吊运工作物。

在两车作业时，要求指挥人员有相当的指挥能力，对作业的指挥人员和司机要进行必要的训练。指挥人员在指挥司机操作之前应首先发出“预备”信号。在指挥时，既要有节奏，又要让司机有明确的尺寸感。

作业的关键是保持横梁（或工作物）的水平，以及两车“同步”动作，这样才能保证吊动平稳。故要求司机和指挥人员配合默契，严格按照指挥信号操作，保证开车和停车的同步。

在遇有被吊重物的重量接近两台车的额定起重量之和，而两台车的额定起重量又不相同时，吊物横梁应根据桥式起重机的额定起重量和重物的重量，按杠杆原理进行分配，使两台起重机所承担的重量都在额定起重量之内。在这样的情况下，更要保持横梁的水平，以免引起超载，造成事故。

（七）吊运熔化金属（钢水或铁水）和浇注的操作

吊运熔化金属是比较重要而危险的工作，司机应经过严格的训练并具有熟练的操作技术。

钢（铁）水包不可装得过满，液面应低于包口50mm以上，太满时应拒绝吊运。为了防止钢（铁）水的热辐射烤坏桥式起重机的钢丝绳，桥式起重机的吊钩上应加挂辅助吊钩。钢（铁）水包不可吊得太高，一般距地面lm，最多不超过1.2m，以防发生危险。在操作中要求起升、运行和下落必须缓慢而平稳。在起吊和运行中，在钢（铁）水包周围5m以内禁止站人，浇注时2.5m内禁止站人（浇注人员不在此限）。吊运时，钢（铁）水包应尽量处在安全通道上，以免碰撞其他物体而发生事故。

对吊运钢（铁）水包的桥式起重机在未吊运前应再做一次严格检查，检查的重点应放在钢丝绳、制动器和各安全装置等处，尤其起升机构的制动器（两套），必须保证运转良好。

浇注作业因要求对位准确，故起升机构和运行机构（大、小车）的制动器要求比一般桥式起重机调得紧些，但又不可过紧，以免在启动和停车时产生振动，造成吊运不稳。在吊运钢（铁）水包和浇注时，除注意平稳运行外，一般情况下应严格按照指挥信号操作。但当发生漏包或穿包事故时，司机必须沉着冷静，不可慌张，应立即将钢（铁）水包吊在铺有干沙的空地上将钢（铁）水放掉。在吊运中应避开设备、人员及有水或潮湿的地方，更要避开具有爆炸危险的物品（如氧气瓶、乙炔发生器等）。这就需要司机平时对周围环境十分熟悉，在紧急情况下才能随机应变。

四、在作业过程中可能出现的紧急情况

起重机在运行过程中，由于各种因素，会发生突然故障，这就需要司机在操作过程中进行紧急处理。如果处理得当，可以避免事故发生或可以将事故损失降低到最低限度。

（一）起升机构制动器突然失灵

起升机构控制器手轮扳到零位后，吊钩不能停止运动的情况称为制动器突然失灵。制动器的主要构件由于主弹簧断裂或闸瓦脱落等原因，会造成制动器失效。即司机将控制器手柄回零时，却发生悬挂的重物自由坠落而高速下降的危险事故。如果司机在此时不及时采取措施，可能导致重大的人身和设备事故。因此，司机在操作时必须精力集中，对于这种预先毫无思想准备而突发的异常危险故障，应沉着应对。司机应立即进行一次“点车”或“反车”操作。若在“点车”或“反车”后制动器失效情况仍然存在，应根据工作物当时所处的环境，采取应急措施，并发出警告信号。

1.机械性升降制动器失效

制动器失效、起升机构尚能正常开动时，如果工作物接近地面，下面又没有重要东西，落下去没有什么危险，就应该把控制器扳到下降的最后一级，用正常操作方法把工作物放下去，不允许让工作物自由坠落。

如果在原地把工作物直接落下去会造成事故，司机必须果断地把控制器手柄扳至上升方向第一挡，使吊物以最慢速度提升，当欲升至上极限位置时，再将手柄扳至下降方向第五挡，使吊物以最慢速度下降，这样反复地操作。

开“反车”把控制器手柄逐级地转到上升方向的最后一级时，要特别注意不

能一下子把控制手柄转到最后一级，因为动作过快会使过电流继电器动作。

在把控制器手柄转到上升方向的同时，司机可根据当时现场的具体情况，把大、小车开到安全地区把物件降落下去。在采取上述措施时，如果上升一次的时间，大、小车还不能开到安全地区，可以反复地升降一两次。在利用这短暂时间的同时，迅速开动大车或小车，或同时开动大车和小车把吊物移至空闲场地的上空，然后迅速将吊物落至地面。这种突发危险事故的特殊操作，有如下几点注意事项。

（1）操作时必须慎重，严防发生误动作和错觉，即把控制手柄回至1挡而打误为回零，造成制动器假失效感。

（2）在发现制动器失效时，立即把控制器手柄置于工作挡位，不能在零位停留而使重物自由坠落，以延缓吊物落地时间。

（3）在利用吊物往返升降时间内开动小车或大车过程中，应持续鸣铃示警，使下面的作业人员迅速躲避、为吊物转移工作创造安全有利的条件。

（4）在开动大车或小车过程中，时刻注意吊物上、下极限位置，上不能碰限位器，下不能碰撞地面设备，都应留有一定的裕度。

（5）在这种危险状况下，最关键是严防主接触器失电释放（俗称掉闸）。因此，在操作起升、大、小车控制器手柄时均应逐步推挡，不可慌张猛烈快速扳转，以防过电流继电器动作而使主接触器释放切断电源，发生吊物自由坠落且无法挽救。

上述应急操作，对由于起重机制动器的机械部分损坏所导致的制动器失效是有效的。由于电气原因所造成的制动器失效，不能运用上述应急操作方法。

2.电气性升降制动器失效

若在“点车”或“反车”后，制动器失效情况仍然存在，而起升机构又不能正常开动，就应立即判断为电气故障。这时应迅速使制动电磁铁断电，制动器抱闸。

发生电气性制动器失效的紧急操作是：立即扳动紧急开关，并拉下电源闸刀，切断电源。

制动器失效有机械性和电气性两种，因它们的操作措施完全不同，如未能正确判断失效原因而盲目操作，会造成比其自由坠落更大的事故。

起重机司机平时应进行必要的升降制动器失效的模拟训练，使其在故障突然发生时不会束手无策，或判断不准而误操作。当然更重要的是平时坚持对起重机械的维修保养，这才能使事故尽可能不发生。

3.制动器“假象”失效

除由于电气和机械的原因所引起的制动器失效的情况外，还会发生制动器“假象”失效的情况。制动器“假象”失效主要有以下两种情况。

（1）操作失误。停车时控制器没有正确地停在零位。这时制动器电磁铁没有断电，起重机并没有停车，但司机认为“已经停车”，所以把这时发生负载迅速下降的现象误认为是制动器失效了。

握持控制器的方法不正确是造成这种情况的原因，缺乏实践操作经验的司机对此不容易迅速发现。“点车”或“反车”能发现这种误操作，因为在进行“点车”或“反车”后，发生制动器失效假象的原因已经消除。

（2）具有两级反接制动的PQR6402控制屏的下降接触器发生不能闭合的故障后，在由反接制动级转换到再生下降级时，由于制动接触器是闭合的（制动器松闸），而电动机并不通电，所以吊钩就会自由坠落。遇到这种情况要立即停车。

这种吊钩自由坠落的情况，通常叫制动器“假象”失效。但是它发生在控制器位于再生下降位置，控制器扳回零位后，失效情况并不存在。它和制动器真正失效是不同的，这是必须注意的。

（二）运行机构制动器失灵

在运行机构制动器失灵时，会发生撞车和重物撞击地面人员和设备的事故。即使制动器正常，也会发生因司机判断不准而停车过位的现象。出现这种情况时应立即平稳地“打反车”制动。“打反车”时切忌用力过猛，一般应采用第1挡或第2挡。反车制动如因用力过猛，挡位过高，会产生很大的冲击电流，而导致过电流继电器动作而断电，造成整车失控，使吊物继续向前滑行。

在日常工作中，因开“飞车”造成车速过快，靠打反车来停车是非常错误的。频繁地反车制动，会损坏起重机的机械、电气零部件，严重时会造成金属结构扭曲变形，使起重机使用寿命降低。因此，司机在平时作业时应养成良好的操作习惯。

（三）电动机或电磁铁过热而起火

当电动机或电磁铁过热而起火时，应立即切断电源；然后，用二氧化碳或四氯化碳灭火器灭火，严禁用水和泡沫灭火器灭火，切记不能带电灭火，以防触电危险。

（四）连续烧断熔丝（保险丝）

如果在工作中连续发生熔丝（保险丝）被烧断，应查明原因。这可能是在低电压下吊运重大物体引起的，也可能是线路有接地现象等。这时切不可擅自加粗熔丝（保险丝），更不能用其他金属丝代替，以免扩大故障。应针对问题，找出原因，采取相应的措施。

（五）中间一个挡位失灵

起重机在工作中，当发现往任何方向开动时，中间有一个挡位失灵，应立即查明原因。

其原因可能上挡位控制器在该挡接触不良，也可能是启动电阻器不起作用等，因此必须将故障排除后再使用。

第三节 指挥信号

特种作业容易发生伤亡事故，对操作者本人、他人及周围设施、设备的安全造成重大危害。从统计资料分析，大量的事故发生在这些作业中，而且多数事故都是由于直接从事这些作业的操作人员缺乏安全知识、安全操作技能差或违章作业造成的。因此，依法加强直接从事特种作业人员的安全技术培训，是保障安全生产非常重要的环节。

国家标准对起重机指挥和司机所使用的基本信号和有关安全技术做了统一规定。起重机指挥信号分为手势信号、旗语信号和音响信号。

起重机“前进”指起重机向指挥人员开来；“后退”指起重机离开指挥人员。前、后、左、右在指挥语言中，均以司机所在位置为基准。

一、手势信号

手势信号分为通用手势信号和专用手势信号。

（一）通用手势信号

通用手势信号是指对各种类型的起重机在起重吊运中普遍适用的指挥手势，如表6–2所示。

表6–2 通用手势信号

序号及名称	释义	图示	序号及名称	释义	图示
1. 预备（注意）	手臂伸直，置于头上方，五指自然伸开，手心朝前，保持不动		2. 要主钩	单手自然握拳，置于头上，轻触头顶	
3. 要副钩	一只手握拳，小臂向上不动；另一只手伸出，手心轻触前只手的肘关节		4. 吊钩上升	小臂向侧上方伸直，五指自然伸开，高于肩部，以腕部为轴转动	
5. 吊钩下降	手臂伸向侧前下方，与身夹角约为30°，五指自然伸开，以腕部为轴转动		6. 吊钩水平移动	小臂向侧上方伸直，五指拢手心朝外，朝负载应运行的方向，向下挥动到与肩相平的位置	

续表

序号及名称	释义	图示	序号及名称	释义	图示
7. 吊钩微微上升	小臂伸向侧前上方，手心朝上高于肩部，以腕部为轴，重复向上摆动手掌		8. 吊钩微微下落	手臂伸向侧前下方，与身体夹角约30°，手心朝下，以腕部为轴，重复向下摆动手掌	
9. 吊钩水平微微移动	小臂向侧上方自然伸出，五指并拢手心朝外，朝负载应运行的方向，重复做缓慢的水平运动		10. 微动范围	双小臂曲起，伸向一侧，五指伸直，手心相对，其间距与负载所要移动的距离接近	
11. 指示降落方位	五指伸直，指出负载应降落的位置		12. 停止	小臂水平置于胸前，五指伸开，手心朝下，水平挥向一侧	
13. 紧急停止	两小臂水平置于胸前，五指伸开，手心朝下，同时水平挥向两侧		14. 工作结束	双手五指伸开，在额前交叉	

（二）专用手势信号

专用手势信号是指具有特殊的起升、变幅、回转机构的起重机单独使用的指挥手势，如表6–3所示。船用起重机（或双机吊运）专用的手势信号如表6–4所示。

表6–3　具有特殊机构的起重机专用手势信号

序号及名称	释义	图示	序号及名称	释义	图示
1. 升臂	手臂向一侧水平伸直，拇指朝上，余指握拢，小臂向上摆动		2. 降臂	手臂向一侧水平伸直，拇指朝下，余指握拢，小臂向下摆动	
3. 转臂	手臂水平伸直，指向应转臂的方向，拇指伸出，余指握拢，以腕部为轴转动		4. 微微伸臂	一只小臂置于胸前一侧，五指伸直，手心朝下，保持不动；另一手的拇指对着前手手心，余指握拢，做上下移动	
5. 微微降臂	一只小臂置于胸前的一侧，五指伸直，手心朝上保持不动；另一只手的拇指对着前手心，余指握拢，做上下移动		6. 微微转臂	一只小臂向前平伸，手心自然朝向内侧；另一只手的拇指指向前只手的手心，余指握拢做转动	
7. 伸臂	两手分别握拳，拳心朝上，拇指分别指向两侧，做相斥运动		8. 缩臂	两手分别握拳，拳心朝下，拇指对指，做相向运动	

续表

序号及名称	释义	图示	序号及名称	释义	图示
9. 履带起重机回转	一只小臂水平前伸，五指自然伸出不动；另一只小臂在胸前做水平重复摆动		10. 起重机前进	双手臂先后前平伸，然后小臂曲起，五指并拢，手心对着自己，做前后运动	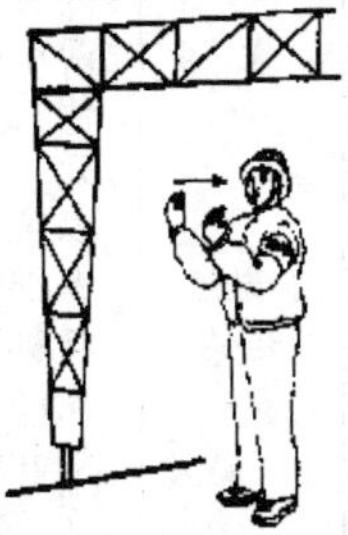
11. 起重机后退	双小臂向上曲起，五指并拢，手心朝向起重机，做前后运动	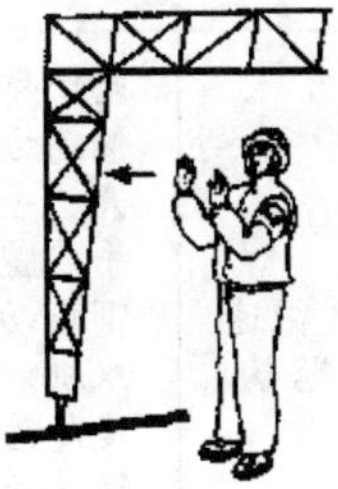	12. 抓取（吸取）	两小臂分别置于侧前方，手心相对，由两侧向中间摆动	
13. 释放	两小臂分别置于侧前方，手心朝外，两臂分别向两侧摆动	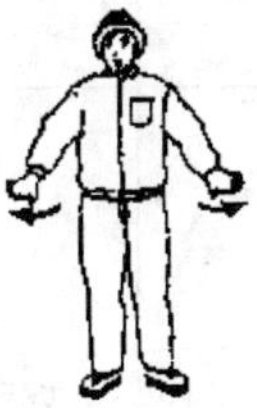	14. 翻转	一小臂向前曲起，手心朝上；另一小臂向前伸出，手心朝下；双手同时进行翻转	

表6-4　船用起重机（或双机吊运）专用的手势信号

序号及名称	释义	图示	序号及名称	释义	图示
1.微速起钩	两小臂水平伸出侧前方，五指伸开，手心朝上，以腕部为轴，向上摆动。当要求双机以不同的速度起升时，指挥起升速度快的一方，手要高于另一只手		2.慢速起钩	两小臂水平伸向前侧方，五指伸开，手心朝上，小臂以肘部为轴向上摆动。当要求双机以不同的速度起升时，指挥起升速度快的一方，手要高于另一只手	
3.全速起钩	两臂下垂，五指伸开，手心朝上，全臂向上挥动		4.微速落钩	两小臂水平伸向侧前方，五指伸开，手心朝下，手以腕部为轴向下摆动。当要求双机以不同的速度降落时，指挥降落速度快的一方，手要低于另一只手	
5.慢速落钩	两小臂水平伸向前侧方，五指伸开，手心朝下，小臂以肘部为轴向下摆动。当要求双机以不同的速度降落时，指挥降落速度快的一方，手要低于另一只手		6.全速落钩	两臂伸向侧上方，五指伸出，手心朝下，全臂向下挥动	
7.一方停止，一方起钩	指挥停止的手臂做“停止”手势（平举，手心朝下）；指挥起钩的手臂做相应速度的起钩手势		8.一方停止，一方落钩	指挥停止的手臂做“停止”手势（左手），指挥落钩的手臂则做相应速度的落钩手势	

二、旗语信号

旗语信号如表6–5所示。

表6–5　旗语信号

序号及名称	释义	图示	序号及名称	释义	图示
1.预备	单手持红绿旗上举		2.要主钩	单手持红绿旗，旗头轻触头顶	
3.要副钩	一只手握拳，小臂向上不动，另一只手拢红绿旗，旗头轻触前只手的肘关节		4.吊钩上升	绿旗上举，红旗自然放下	
5.吊钩下降	绿旗拢起下指，红旗自然放下		6.吊钩	绿旗上举，微微上升红旗拢起横在绿旗上，互相垂直	
7.吊钩	绿旗拢起下指，红旗横在微微下降绿旗下，互相垂直		8.升臂	红旗上举，绿旗自然放下	

续表

序号及名称	释义	图示	序号及名称	释义	图示
9.降臂	红旗拢起下指，绿旗自然放下		10.转臂	红旗拢起，水平指向应转臂的方向	
11.微微升臂	红旗上举，绿旗拢起横在红旗上，互相垂直		12.降臂	红旗拢起下微微指，绿旗横在红旗下，互相垂直	
13.微微转臂	红旗拢起，横在腹前，指向应转臂的方向；绿旗拢起，竖在红旗前，互相垂直		14.伸臂	两旗分别拢起，横在两侧，旗头外指	
15.缩臂	两旗分别拢起，横在胸前，旗头对指		16.微动范围	两手分别拢旗，伸向一侧，其间距与负载所要移动的距离接近	
17.指承降落方位	单手拢绿旗，指向负载应降落的位置，旗头进行转动		18.履带起重机回转	一只手拢旗，水平指向侧前方，另一只手持旗，水平重复挥动	

续表

序号及名称	释义	图示	序号及名称	释义	图示
19.起重机前进	两旗分别拢起，向前上方伸出，旗头由前上方向后摆动		20.起重机	两旗分别拢后退起，向前伸出，旗头由前方向下摆动	
21.停止	单旗左右摆动，另一面旗自然放下		22.紧急停止	双手分别持旗，同时左右摆动	
23.工作结束	两旗拢起，在额前交叉				

三、音响信号

如表6-6所示，“—”表示大于1s的长声符号，“·”表示小于1s的短声符号。

表6-6 音响信号

动作	信号	动作	信号
预备、停止	一长声—	上升	二短声•
下降	三短声•••	微动	断续短声◦•◦•◦•◦
紧急停止	急促的长声———		

四、起重吊运指挥语言

起重吊运工作的指挥语言如表6-7所示。吊钩移动的指挥语言如表6-8所示。转台回转的指挥语言如表6-9所示。臂架移动的指挥语言如表6-10所示。

表6-7　开始、停止工作的指挥语言

起重机的状态	指挥语言	起重机的状态	指挥语言
开始工作	开始	停止和紧急停止	停
工作结束	结束		

表6-8　吊钩移动的指挥语言

吊钩的移动	指挥语言	吊钩的移动	指挥语言
正常上升	上升	微微上升	上升一点
正常下降	下降	微微下降	下降一点
正常向前	向前	微微向前	向前一点
正常向后	向后	微微向后	向后一点
正常向右	向右	微微向右	向右一点
正常向左	向左	微微向左	向左一点

表6-9　转台回转的指挥语言

转台的回转	指挥语言	转台的回转	指挥语言
正常右转	右转	微微右转	右转一点
正常左转	左转	微微左转	左转一点

表6-10　臂架移动的指挥语言

吊臂的移动	指挥语言	吊臂的移动	指挥语言
正常伸长	伸长	微微伸长	伸长一点
正常缩回	缩回	微微缩回	缩回一点
正常升臂	升臂	微微升臂	升一点臂
正常降臂	降臂	微微降臂	降一点臂

司机使用的音响信号如表6–11所示。

表6–11　司机使用的音响信号

含义	信号	含义	信号
明白（服从指挥）	—短声—	重复（请求重新发出信号）	二短声••
注意	长声————		

五、信号的配合应用

（一）音响信号与手势或旗语信号的配合

（1）在发出音响信号“上升”音响时，可分别与“吊钩上升”“升臂”“伸臂”“抓取”手势或旗语相配合。

（2）在发出音响信号“下降”音响时，可分别与“吊钩下降”“降臂”“缩臂”“释放”手势或旗语相配合。

（3）在发出音响信号“微动”音响时，可分别与“吊钩微微上升”“吊钩微微下降”“吊钩水平微微移动”“微微升臂”“微微降臂”手势或旗语相配合。

（4）在发出音响信号“紧急停止”音响时，可与“紧急停止”手势或旗语相配合。

（5）在发出音响信号“预备”“停止”音响时，均可与相应的手势或旗语相配合。

（二）指挥人员与司机之间的配合

（1）指挥人员发出“预备”信号时，要目视司机，司机接到信号在开始工作前，应回答“明白”信号。当指挥人员听到回答信号后，方可进行指挥。

（2）指挥人员在发出“要主钩”“要副钩”“微动范围”手势或旗语时，要目视司机，同时可发出“预备”音响信号，司机接到信号后要准确操作。

（3）指挥人员在发出“工作结束”的手势或旗语时，要目视司机，同时可发出“停止”音响信号，司机接到信号后应回答“明白”信号方可离开岗位。

（4）指挥人员对起重机械要求微微移动时，可根据需要，重复给出信号。

司机应按信号要求，缓慢平稳操纵设备。除此之外，如无特殊需求（如船用起重机专用手势信号），指挥人员都应一次性给出其他指挥信号。司机在接到下一信号前，必须按原指挥信号要求操纵设备。

六、对指挥人员和司机的基本要求

（一）对使用信号的基本规定

（1）指挥人员使用手势信号均以本人的手心，手指或手臂表示吊钩、臂杆和机械位移的运动方向。

（2）指挥人员使用旗语信号均以指挥旗的旗头表示吊钩、臂杆和机械位移的运动方向。

（3）在同时指挥臂杆和吊钩时，指挥人员必须分别用左手指挥臂杆、右手指挥吊钩。当持旗指挥时，一般左手持红旗指挥臂杆，右手持绿旗指挥吊钩。

（4）当两台或两台以上起重机同时在距离较近的工作区域内工作时，指挥人员使用音响信号的音调应有明显区别，并要配合手势或旗语指挥，严禁单独使用相同音调的音响指挥。

（5）当两台或两台以上起重机同时在距离较近的工作区域内工作时，司机发出的音响应有明显区别。

（6）指挥人员用起重吊运指挥语言指挥时应讲普通话。

（二）指挥人员的职责及其要求

（1）指挥人员应根据规定的信号要求与起重机司机进行联系。

（2）指挥人员发出的指挥信号必须清晰、准确。

（3）指挥人员应站在使司机看清指挥信号的安全位置上。当跟随负载运行指挥时，应随时指挥负载避开人员和障碍物。

（4）指挥人员不能同时看清司机和负载时，必须增设中间指挥人员以便逐级传递信号。当发现错传信号时，应立即发出停止信号。

（5）负载降落前，指挥人员必须确认降落区域安全时方可发出降落信号。

（6）当多人绑挂同一负载时，起吊前应先做好呼唤应答，确认绑挂无误后方可由一人负责指挥。

（7）同时用两台起重机吊运同一负载时，指挥人员应双手分别指挥各台起重机，以确保同步吊运。

（8）在开始起吊负载时，应先用“微动”信号指挥。待负载离开地面100～200mm稳妥后，再用正常速度指挥。必要时，在负载降落前，也应使用“微动”信号指挥。

（9）指挥人员应佩带鲜明的标志，如标有“指挥”字样的臂章、特殊颜色的安全帽、工作服等。

（10）指挥人员所戴手套的手心和手背要易于辨别。

（三）起重机司机的职责及其要求

（1）司机必须听从指挥人员的指挥，当指挥信号不明时，司机应发出“重复”信号询问，明确指挥意图后方可开车。

（2）司机必须熟练掌握标准规定的通用手势信号和有关的各种指挥信号，并与指挥人员密切配合。

（3）当指挥人员所发信号违反相关标准的规定时，司机有权拒绝执行。

（4）司机在开车前必须鸣铃示警，必要时在吊运中也要鸣铃，通知受负载威胁的地面人员撤离。

（5）在吊运过程中，司机对任何人发出的“紧急停止”信号都应服从。

（四）管理方面的有关规定

（1）对起重机司机和指挥人员，必须由有关部门进行相关标准的安全技术培训，经考试合格，取得特种设备操作证后方能操作或指挥。

（2）音响信号是手势信号或旗语的辅助信号，各使用单位可根据工作需要确定是否采用。

（3）指挥旗颜色为红、绿色。应采用不易褪色、不易产生皱褶的材料。其规定为：面幅应为400mm×500mm，旗杆直径应为25mm，旗杆长度应为500mm。

第七章

起重机械的维护保养及常见故障

起重机在使用中能否发挥其最大效能，能否长期安全作业，除了起重机本身的质量外，还取决于起重机的维护保养工作。做好维护保养是起重机司机的一项重要工作；只管开车不管维护保养的做法是对工作极不负责的表现。要正确维护起重机，就应该熟悉其结构、工作原理及维护保养知识。

第一节　维护保养规定及内容

一、保养分类与间隔周期

经常地、细心地对起重机进行检查。做好调整、润滑、紧固、清洗等工作，保持机械的正常运转，称为保养。保养分为例行保养和定期保养（即日常保养、一级保养和二级保养）。

（一）例行保养

例行保养（日保养）是指起重机每日作业前、运转中及作业后，为及时发现隐患，保持良好的工况进行的检查和预防性保养。具体要求是：

（1）清扫司机室和机身的灰尘和油污。

（2）检查制动器间隙是否合适，制动是否正常。

（3）检查联轴节上的键及联接螺栓是否紧固。

（4）检查电铃、各种安全装置是否灵敏可靠。

（5）检查制动带及钢丝绳的磨损情况。

（6）检查液压管路系统和蓄能器仪表是否正常、指示是否准确。

（7）检查控制器的触头是否密贴吻合。

（8）检查副臂连接销不使用时是否处于闭合状态。

（9）检查起升高度限位器是否灵敏可靠。

（10）检查支腿机构应无漏油、液压锁良好。

（11）检查力矩限制器工作是否正常。

（12）流动式起重机（轮胎、汽车吊）应在出车前检查并达到技术要求。

（二）定期保养

定期保养（一级保养、二级保养）是指起重机在工作一定时间后，为消除不正常状态，恢复良好工况所进行的一种预防性维护保养措施。在定期保养中遇到应进行修理的项目，可通过检测来确定。具体项目要求有以下两方面。

（1）一级保养（每月一次）在日保养基础上完成下列项目：

①给滚动轴承加油；

②检查控制屏、保护盘、控制器、电阻器及各接线座，接线螺丝是否紧固；

③检查所有的电器设备的绝缘情况；

④检查减速箱的油量、液压电磁铁油量与润滑情况；

⑤检查油泵有无漏油、异响、振动、发热等现象；

⑥检查变幅油缸负荷时自行缩回量，无异常振动与噪声，活塞杆表面光洁；

⑦检查平衡阀油管有无泄漏、变质、扭绞与破裂现象，工作有无跳动情况；

⑧检查溢流阀、分流器、减压阀等有无漏油，预设压力应符合要求；

⑨检查各操纵阀操纵应灵活、紧固良好、无漏油；

⑩检查支腿油缸应无漏油、油管和接合部位不得松动，胶垫应无变形或损坏，锁阀良好，无振动和异响；

⑪检查起升机构油马达应不过热，减速器油位正常，无漏油、异响、振动等；

⑫检查吊钩和滑轮应转动灵活，连接牢固、滑轮转动无噪声、无裂纹，支架和保护片不变形；

⑬载荷表指示应正常、无泄漏，空负载指针应指零位；

⑭流动式起重机（轮胎、汽车吊）还应按本身行走机构一级保养技术要求进行检查并达到一级保养要求。

（2）二级保养（每半年一次）在日保养和一级保养的基础上再完成下列项目：

①除去润滑脂表面脏污、清洗滚动轴承，加润滑脂；

②检查减速箱的油量，液压电磁铁油量与润滑情况，如发现油质变坏，应更换润滑油，若油量不足则加油至标准值；

③检查钢丝绳的断丝数、腐蚀与磨损量、变形量、使用长度和固定状态等应符合国家标准规定；

④检查滑轮与护罩应完好，转动灵活；

⑤检查吊钩等取物装置应无裂纹、明显变形或磨损超标等缺陷，紧固装置应完好；

⑥检查制动器工作应可靠，磨损件无超标使用，安装与制动力矩符合要求；

⑦检查各类行程限位、限量开关与联锁保护装置应完好可靠；

⑧检查紧急开关、缓冲器和终端止挡器等停车保护装置应使用有效；

⑨检查各种信号装置与照明设施应符合规定；

⑩检查起重机保护接地或保护接零和重复接地及电器设备应完好可靠；

⑪检查各类防护罩、盖、栏、护板等必须完备可靠，安装符合要求；

⑫露天起重机的防雨罩、夹轨钳或锚定装置应完好，使用有效；

⑬安全标志与消防器材应配备齐全，使用有效；

⑭检查起重作业中用的各类吊索具应管理有序，使用时必须完好；

⑮流动式起重机（轮胎、汽车吊）还应按本身行走机构的二级保养技术要求进行检查并达到该要求。

二、起重机械修理的分级

通常把修理分为小修、中修和大修三种。

（一）小修

小修是排除机械运行和保养时发现的故障。通过修理和更换部件，使机械恢复正常工作。

小修的原则是坏什么修什么。要求修理时间短，修理后能保证起重机安全可靠地运行。

（二）中修

中修是为了解决机械运转中某些部件和总成的不正常现象，进行部分解体后对零、部件和总成进行修复或更换磨损的零、部件，校正起重机的几何坐标，以恢复并保持起重机性能。

（三）大修

大修是将机器全部解体，拆卸检查每个部件，修理可修的零件，更换不可修的零件或部件，要求大修后的机械性能达到或接近规定的技术标准。

修理周期结构，即修理周期与修理间隔期。两次大修的间隔期为修理周期。两次相邻计划修理间隔的时间为修理间隔期。在每一个修理间隔期中规定有四次检查。具体来说，是在两次大修之间有两次中修，在两次中修之间有两次小修。起重机修理周期可用下图表示。

|----------------------------------修理周期----------------------------------|

|修理间隔期--------|

大修—小修—小修—中修—小修—小修—中修—小修—小修—大修

预期检修制度是一种预防性的维修、保养制度。它把起重机的零、部件分类进行周期性保养，这种做法既有利于工作的计划性，也延长了起重机的使用寿命。预期检修制度在保养中并不对全部零件进行调整、检查、紧固和润滑，而是根据预期检修的内容进行。这是因为起重机的每一个零件的工作条件都不同，润滑的情况也不一样，特别是零件的承载能力有所不同。故各零件的检修期限是不同的。

第二节　起重机械的润滑

起重机各机构的使用质量和寿命，在很大程度上取决于经常而且正确的润滑。润滑应按起重机说明书的规定日期和润滑油牌号要求进行，并经常检查设备润滑情况是否良好，实践证明，只有正确使用和合理维修加以经常性定期进行合理润滑，才能使起重机发挥作用，生产安全才能得到保证。为此，起重机驾驶人员应充分认识到润滑的重要性，坚决克服只管开车、不管润滑的不良作风，自觉地做好起重机润滑工作。

一、润滑油的基本知识

起重机各工作机构与相对运动的各接触零件之间必须加有适当的油料，起重机用的各种油料可以统称为润滑油，通常是各种油液或油脂，它是石油炼制后的副产品。

（一）润滑油的主要性能指标

1.黏度

黏度是表示润滑油在规定温度时的厚薄（稀稠）程度。科学地说，黏度是表示液体黏性大小的物理量，是液体受外力作用流动时，在液体分子间呈现的内部摩擦力。液体的黏度越大，产生的内摩擦力也越大，流动性越差。黏度有多种表示方法，我国常用的是运动黏度和恩氏黏度，运动黏度常用单位是厘斯（水在20℃时运动黏度为1厘斯）。运动黏度和恩氏黏度的近似互换式如下：

运动黏度（厘斯）=0.13恩氏黏度（度）

恩氏黏度（度）=7.58运动黏度（厘斯）

机械油、汽轮机油与各种液压油的标号是根据50℃运动黏度（厘斯）定的。如20号、30号、40号等就是指在50℃时油的名义黏度，分别为20厘斯米、30厘斯米、40厘斯米。

在高温下用的润滑油，如机油、汽缸油、齿轮油、双曲线齿轮油的牌号是根据100℃运动黏度定的。

2.黏度指数

是润滑油随温度而改变的程度与标准润滑油比较时的相对数值。黏度指数越高，表示油的黏度受温度的影响越小，油品的使用价值越高。如液压油的黏度指数一般要在90以上，超过100的属于高黏度指数。

3.闪点

润滑油在一定条件下加热，油蒸气与空气混合到一定浓度时，与火焰接触第一次发出闪火的温度称为闪点。从闪点的高低可以知道油料的蒸发倾向和受热后的安定性。如机油的闪点下降，说明受到燃油的稀释；液压油的闪点降低，油品变质。

4.凝点

油料受冷后开始失去流动性时的温度称为凝点，它表示油料的低温性能或流动性能。高于凝点2.5℃的温度叫流动点。在选用液压油时，应根据最低使用温度，选择比使用温度低10℃以上流动点的油品。

5.酸值

酸值是测定油料中有机酸含量的质量指标。有机酸是对机械有害的物质，能使机械受腐蚀，因而酸值应低一些好。对待酸值需进行具体分析，如有些高性能的液压油的酸值反而偏高，因为它们都有添加剂（含有机酸）。

6.硫分

指油料中硫及硫化物的含量。润滑油中含硫成分越少越好，以免腐蚀机件。但对工作中承受重负荷、高压力的，要求使用具有极压性的油品，这类油品通常加有含硫的极压添加剂，以增加其抗磨抗压性能，如齿轮油和双曲线齿轮油中就要求加进一些含硫的添加剂。

7.机械杂质

悬浮或沉淀于润滑油中的灰尘、砂粒、金属微粒等都称为机械杂质。油中含有机械杂质会破坏油膜、增加磨损、堵塞油路及影响润滑效果。

8.水分

纯净的油品不应含有水分，如果油中含有水分，极易和油中的氧化物生成酸，腐蚀金属，降低油膜强度，产生泡沫，变质乳化，使添加剂分解沉淀，降低或失去效能。

除了上述指标性能外，还有密度、比热、热氧化安定性、腐蚀度等许多性能也较重要。

（二）起重机械常用润滑油料材质

起重机常用的润滑油有锭子油、变压器油、齿轮油、机械油、液压油、润滑脂（俗称黄油或黄干油及柴油发动机用的机油等）。

锭子油和变压器油所含沥青质和胶质要少，黏度小，流动性好，可进入较小间隙中。

齿轮油含沥青质和胶质多，黏度大，在较大的压力下油膜仍然完好，以满足润滑的要求。在双曲线齿轮油中加有多种添加剂，以在摩擦表面上形成一层耐压、耐温的薄膜，也就是在耐压的情况下，仍能保持润滑作用。

机械油有10号、20号（轻质）、30号、40号、50号（中质）等；机械油氧化稳定性差，多用于要求条件不高的系统。

液压油是起重机液压系统传递能量的工作介质，又起着重要的润滑、冷却与密封的作用。液压油主要质量要求：具有适当的黏度和良好的黏温特性；具有良好的润滑性能和足够的油膜强度；热胀系数低，比热高，闪点和燃点高；具有良好的化学稳定性，能抗氧化、抗水解，使用中不变质；具有良好的抗泡沫性和防锈性。

润滑脂俗称黄油或黄干油。它是由润滑油加入稠化剂等制成的，在常温下是黏稠的半同体膏状。（润滑脂的主要质量指标：是以滴点、针入度、胶体安定性、水分和腐蚀性来表示）常用润滑脂有如下几种：

（1）钙基润滑脂：不易溶于水，但滴点低，耐热能力差，适用于工作温度不高于60℃的开式零件，易与空气、水气接触的摩擦部位上。

（2）钠基润滑脂：耐热性较好，可在120℃温度以下工作，但亲水性能强，在潮湿或与水接触的润滑部位则不可使用。

（3）复合钙基润滑脂：有抗热、抗潮湿的特性，没有硬化现象，对金属表面有良好的保护作用。

（4）工业锂基润滑脂：是一种高效能的润滑脂，有良好的抗水性，可作用在20℃~120℃温度范围内高速工作状态。

（5）特种润滑脂：具有耐热耐磨，防水性能好，可工作在30℃~120℃的温度范围内。

（6）合成石墨钙基润滑脂：有极大的抗压能力，能耐较高温度，抗水、抗磨性好。

另外，工业凡士林，耐低温，不溶于水，遇水不乳化，具有一定的防锈性能，可用于机件表面的防腐蚀。

二、起重机械的润滑

良好的润滑是延长起重机工作寿命的保证，认真执行润滑制度，就能减少故障，缩短停机时间、提高工作效率，降低各种零部件的磨损。

我们知道，润滑的主要作用是减少摩擦，所以凡是有摩擦的部位都需要润滑。凡是有转动机件之间、凡是有滑动的机件之间就有摩擦，因此必须进行润滑。

（一）起重机械各机构的润滑方法

起重机各机构有分散润滑和集中润滑两种。集中润滑用于大起重量的起重机上，采用手动泵供油（润滑脂）和电动泵供油集中润滑两种方式；分散润滑用于中、小吨位的起重机上，润滑时使用油枪或油杯对各润滑点分别注油。

（二）润滑工作注意事项

润滑时应按起重机说明书的规定日期和润滑油牌号进行，并在润滑工作中注意以下几点：

（1）润滑材料必须保持清洁；

（2）不同牌号的润滑脂不可混合使用；

（3）经常检查润滑系统的密封情况；

（4）选用适宜的润滑材料和按规定时间进行润滑工作；

（5）在进行润滑工作时，必须先切断起重机上的主电源，并挂上“有人作业，禁止合闸”的警告牌；

（6）对没有注油点的转动部位，应定期用油壶点注在各转动缝隙中，以减少机件的磨损和防止锈蚀；

（7）采用油池润滑，应定期检查润滑油的质量；加油时应加到油尺规定的刻度。如没有油尺，加到最低齿轮的齿能浸到油为宜。

（三）起重机械的润滑点

以桥式类型起重机为例：

（1）吊钩滑轮轴两端及吊钩螺母下的推力轴承；

（2）固定滑轮轴两端（在小车架上）；

（3）钢丝绳；

（4）各减速器；

（5）各齿轮联轴节；

（6）各轴承箱（包括车轮组的角型轴承箱）；

（7）电动机轴承；

（8）各制动器上的各个铰节点；

（9）长行程电磁铁的活塞部分；

（10）液压推动器的油缸；

（11）反滚轴；

（12）电缆卷筒、电缆拖车；

（13）抓斗的上下轴、导向滚轮及各铰节轴孔；

（14）夹轨器上的齿轮、丝杆和各铰节点。

流动式起重机的润滑分上车部分润滑和下车部分润滑两大部分。上车部分润滑点如下（下车部分见汽车的保养润滑）：

（1）油泵传动轴及滚针轴承；

（2）卷扬离合器及制动器销轴；

（3）卷筒轴承及卷筒支座轴承；

（4）主、副卷扬钢丝绳；

（5）吊臂后铰点、滑块、变幅油缸上下铰点；

（6）导向滑轮架各运动铰点；

（7）吊钩滑轮轴承及主、副臂头部滑轮轴承；

（8）第二、三节吊臂摩擦表面；

（9）制动器、油门踏板、各操纵手柄、连杆的运动铰点；
（10）回转减速箱体；
（11）回转减速器垂直滚动轴承；
（12）回转大小开式齿轮；
（13）回转滚动支承；
（14）液压系统；
（15）导向滑轮架滑轮滑动表面。

第三节　起重机械的常见故障及排除方法

起重机使用一定时间后，往往因零件磨损、间隙增大等原因而出现明显的不安全状况。甚至因某些主要构件或零部件的疲劳导致机构发生故障，严重的还会引起重大的伤害事故。故障原因是错综复杂的，所以为了做好故障排除工作，必须系统认真地学习基础知识，要能全面地了解起重机构造原理，熟悉液压与电气系统的工作原理，熟悉各元器件实物的外观特征、内部结构以及它们在整机上的安装位置、拆装方法，掌握技术性能、技术要求、维修与调试等有关知识。只有具备这些基本技能，才能根据故障现象正确分析故障原因与具体部位并加以排除。

一、起重机械故障的分类

（一）机械部分的故障

起重机机械部分故障主要来自电动机、制动器、减速器、滑轮组、卷筒、吊钩、钢丝绳、联轴节、车轮等主要零、部件，在使用过程中，它们之间的接触部分在相对运动中产生表面磨损，待磨损到一定程度，就会影响机构正常运动而发生故障。

（二）金属结构件的故障

起重机金属结构质量好坏直接影响到起重机的安全。如金属结构一旦损坏，势必发生严重事故。

（三）电器部分的故障

起重机上电器设备是比较复杂的部分，它在冲击、震动与摆动条件下工作，容易发生故障。特别是在高温、多灰尘、潮湿的环境中工作的起重机，更容易发生故障。电气设备发生故障不但会造成停车影响生产，还可能发生人身伤害事故。

（四）液压系统的故障

液压系统与机械传动装置不同，前者看不见、摸不到，不像机械较为直观。这里介绍的“根据液压系统油路原理查找故障方法”是比较简便、容易掌握的。

首先，应该了解并分析起重机的液压系统工作原理；了解各系统与各工作机构的原理与工作概况；根据油路图对照实物部位查找液压系统故障应逐级分段进行，主要手段是检测各级工作油压值，分析其工况并确认是否正常。有些机型为了查修故障和压力调整需要，在主要位置上已装设压力检测点。这样，查找故障检测压力值就十分方便。对于没有装设压力检测点的机型，可以加三通接头连接压力表。为了准确观察压力值，应准备几种不同规格的压力表，如60kPa级、15MPa级、30MPa级与60MPa各一只。

在查找液压系统故障之前，应先检查机械与电气部分是否正常。如不正常，应先予排除。

在查找液压系统故障时，注意不要急于大拆大卸，也不要急于换件，用比较法试验；不要没有确切依据就想当然地断定故障点位置。应该根据液压系统工作原理，分析产生故障的种种因素，确定压力检测点，查看系统工作状况，予以理性分析，逐步分段进行。

液压系统常见故障有系统漏油、油压升不上去、油温度过高、压力不稳定、压力指示不正常、回油压力过高、缓动机构操纵后不动作或动作过缓、收放失灵、油路系统噪声大等故障。

二、故障排除的方法步骤

故障排除一般应按一定的方法步骤进行，如果不按步骤进行，只会越搞越坏。一般方法步骤如下。

（一）弄清故障现象

故障现象就是起重机运行中出现的异常情况。有的现象明显直观，有的不易察觉，因此要细心观察，弄清故障根源。

（二）分析故障原因，确定检查部位

根据故障现象分析产生原因，一般要按照实践经验并对照有关资料，列出可能发生同类现象的各种原因。在查找故障时，可用眼看、耳听、手摸的不同方法来判断各装置元器件是否异常；有时还需要用测试仪器，因为凭人的感觉器官检查结果往往有差异，而且只能简单地定性检查，难以定量分析。运用测试仪器进一步判定，效果是比较准确的。

用“比较法”查找故障也是可行的有效方法。比较法也就是换件法，用同一型号的合格机件替换可疑的机件。若换件后故障消除，则说明原件是有故障的。

另外，还有绘制故障分析推理图和因果分析图等方法来查找故障。这样做的科学性、把握性亦比较大。

（三）拆卸检查，确定故障原因

对于确定拆检的各个部位，应按照引起故障发生的可能性以及拆检的简易与复杂程度确定拆检的先后顺序。通常做法是先拆检简易的，后拆检复杂的；先拆检可能性大的，后拆检可能性小的。

流动式起重机的形式很多，结构复杂，故障症状亦繁多，归纳起来可分为两大类：一类是机件的损坏，称为损伤性故障；另一类是由于连接松弛、间隙变化、管路堵塞、杂质侵入等情况发生而造成的，称为非损伤性故障或者叫作维护性故障。

（四）修复工作

对于非损伤性故障只要进行必要的清洁、润滑、补充、调整、紧固等工作就可以排除故障。

对于损伤性故障，则应采取慎重态度来决定哪些机件必须更换，哪些机件应该修理再用。这时要结合技术能力和设备条件，同时应考虑经济效益。

（五）试验工作

对于修复过的部件或装置，应进行局部功能试验或整机性能试验。只有在确认整机性能已符合要求之后，才能投入使用。

三、起重机械常见故障的原因分析及排除方法

（一）起重机械一般故障的原因及排除方法

起重机械一般故障的原因及排除方法见表7-1。

表7-1　起重机机械一般故障的原因及排除方法

故障现象	产生故障原因	排除方法
滚动轴承发生高热现象	完全缺乏润滑脂或润滑脂少，轴承中有污物	给轴承加足润滑脂，用煤油清洗轴承并注入润滑脂
滚动轴承工作中声音增大	装配不良，轴承偏斜或拧得过紧发生卡住现象 轴承的部件发生毁坏或磨损现象	检查装配的正确性，并进行调整更换轴承
减速器像有周期性的齿颤震的音响，从动轮特别显著	齿的节距误差过大，齿侧间隙超过标准	修理、重新安装
减速器有剧烈的金属锉擦声，引起减速器体震动的叮当声	传动齿轮的间隙过小，轮对中心未对正，齿顶上具有尖薄边缘，齿面磨损后不平坦（小沟和凸痕）	修整、重新安装或更新

续表

故障现象	产生故障原因	排除方法
减速器齿轮啮合时有不均匀，但连续的敲击声，在减速器箱体各处能听到，感觉到减速器机壳震动	齿侧面有缺陷（层状组织）	更新
涡轮减速器有敲击声，周期性忽高忽低的音响与齿轮数吻合的周期性音响	蜗杆轴向游隙过大或涡轮齿磨损严重，齿轮节圆与轴偏心，组合齿轮的调节有积累误差	更新修理、重新安装或更新
减速器发热	润滑油过多	圆柱齿轮及伞齿轮减速器内油温应<60℃；涡轮减速器内油温应<75℃。油面应保持在油针两刻度之间
制动器不能刹住重物（对行走机构来说，小车或大车制动后滑行距离较大）	杠杆系统中活动关节被卡住制动轮上有油 制动闸瓦带高度磨损 主弹簧损坏或松动引起张力过小 杠杆锁紧螺母松动，杠杆窜动	清理制动器，消除卡住现象，活动关节加油。用煤油清洗闸轮和闸瓦带 更换闸瓦带 调换弹簧或调节螺母，使之弹簧张力适当。调整杠杆后旋紧螺母
制动器不能打开	线圈中有断线或烧毁，短行程制动器的主弹簧张力过大，长行程制动器重锤过分拉紧	更换线圈，调整弹簧或重锤
电磁铁发热或发出响声	电枢不正确地贴附在铁芯上，杠杆系统卡住，主弹簧的张力过大（指短行程制动器）	调整电枢的行程，在短行程电磁铁上必须刮平电枢对铁芯的贴附面消除卡住现象，调整弹簧
在闸区上发生焦味，闸带很快磨损	闸轮和闸带间隙不均匀，离开时产生摩擦，闸轮发生过热现象 辅助弹簧发生损坏或弯曲现象（指短行程制动器）	调整间隙应使闸带均匀离开 更换辅助弹簧
制动器易于脱开调整位置	调整螺帽没有拧紧或背帽没有拧紧，螺帽的螺纹发生损坏	调整制动器，拧紧螺帽和背帽，更换缺陷螺帽

续表

故障现象	产生故障原因	排除方法
小车运行中产生打滑 小车“三条腿”	小车轨道上有油或水，轮压不均匀，直接起动电动机过猛，车轮直径不等 轮压不均车轮安装不合要求误差过大 车体焊接过程中产生变形，小车走偏轨道铺设误差大	去掉油或水；调整轮压，改善电动机起动方法；修复或调整车轮安装精度达到标准要求，火焰校正，校正轨道至标准要求
大车运行中产生“啃轨”	车轮安装偏差 轨道铺设偏差 轨道上有油或水（冬天露天轨道上有冰） 传动系统偏差过大、车架偏斜变形	调整车轮水平、垂直度和对角线偏差 调整轨道标高、跨距、平行误差清理轨道 使电动机、制动器合理匹配检修 轴键齿轮，火焰校正
吊钩尾部及表面产生疲劳裂纹，可能导致吊钩折断	超期使用，超载，材质缺陷 引起的吊钩开口度、危险断面磨损超过规定标准	每年检查1~2次，发现疲劳裂纹、开口度危险面磨损超过标准及时更换
起重机钢丝绳迅速磨损或经常破裂	滑轮和卷筒的直径及卷筒上绳槽的槽距对于这种钢丝绳来说太小 有脏物和没有润滑油 上升限位器的挡板安装得不正确	正确选用滑轮和卷筒的直径，及卷筒上绳槽的槽距，装上标准直径钢丝绳。清洗和润滑钢丝绳。检查并对上升限位器进行改装或调整挡板
滑轮不转	轴与轴套间没有润滑油	拆洗润滑部分，保证需要的润滑油

（二）金属结构件的故障原因及排除方法

金属结构件的故障原因及排除方法见表7-2。

表7-2　金属结构件的故障原因及排除方法

故障现象	产生故障原因	排除方法
主梁严重下挠影响起重机（大、小车）正常运行	制造厂产品质量差，运输存放不当，经常超载使用或热辐射环境下作业	正确掌握主梁腹板落料工艺，焊接工艺，选用合格原材料。按规定要求运输、存放。正确合理维修使用，主梁下面设有反热辐射的装置
金属结构重要部位焊接缝产生裂纹（如主梁端梁、车轮角轴承架、走台连接部位以及下盖板等）	局部应力集中、剧烈振动，经常超载造成后梁严重下挠引起下盖板产生裂纹	每年对金属结构件检查1～2次。每两年进行负荷试验一次。进行安全技术鉴定。严禁超载，火焰矫正，主梁加固

（三）起重机械常见电气故障原因及排除方法

起重机械常见电气故障原因及排除方法见表7-3。

表7-3　起重机常见电气故障原因及排除方法

故障现象	产生故障原因	排除方法
电动机均匀发热	由于接电时间超过规定值延续时间JC%而过负载	降低起重机工作的繁忙程度或更换延续时间JC%相应的电动机
	由于被带动的机械有故障而过负荷。在降压的电压下运转	检查机械状态消除卡机现象。测量电压，电压低于额定电压10%应停止工作
当控制器合上以后，电动机不动	一相断电，电动机发出响声 线路中无电压 控制器触头未接通 集成器发生故障 转子电路断线	找出断电处，接好线 用电笔或指示灯检查有无电 检查并修理控制器 检查集成器，并消除故障，检视转子电路是否完整
定子局部过热	个别硅钢片之间局部短路	除去引起短路的毛刺或其他原因并在事后用绝缘漆涂刷修理过的地方
定子绕组局部过热	三角形、星形接线错误，各相之中有一相绕组的两个地点与外壳短路	检查每一相的电流和消除“错接”的相，用指示灯或电阻计来确定损伤的地方和消除这种损伤
转子发热过高	接头接触不良	查接头并接好
电动机工作时发出不正常的噪声	定子相位错移，定子铁芯未压紧，滚珠轴承磨损，槽楔子膨胀	查接线系统并改正，查定子并修理更换轴承，锯去胀出楔子或更换

续表

故障现象	产生故障原因	排除方法
电动机电刷冒火花或滑环被烧焦	电刷研磨不好，电刷接触太紧，电刷和滑环脏污，滑环不平造成电刷跳动，电刷压力不够，电刷牌号不对，电刷电流分布不均	将电刷磨合，调整电刷或研磨使之合适，用布稍蘸酒精将滑环及电刷擦干净，车削或磨光滑环，调整电刷压力，更换合适的电刷检查架，检查电线及电刷是否正常
电动机在通过电流时振动	轴承磨损，转子变形或摇动	检视并修理或更换轴承，检查或车圆转子
电动机运转时转子与定子摩擦	轴承磨损，轴承端盖不正，定子或转子铁芯变形，由于定子绕组的线圈连接不对而使磁道不平衡	在必要时可换新轴承盖，锯去定子铁芯或转子铁芯上的毛刺，检查线圈的连接线路，如果接线正确，则定子与每相中的电流应相等
交流电磁铁线圈过热	电磁铁吸力过载，磁流通路的固定部分与活动部分之间存在间隙；线圈电压与电网电压不相等；制动器的工作条件与线圈的特性不符合	调整弹簧拉力，消除固定与活动部分之间的间隙，更换线圈或改变接法，A改Y，换上符合工作条件的线圈
交流电磁铁产生较大嗡嗡声	电磁铁过载 磁流通路的工作表面上有污垢，磁力偏斜	调整弹簧 消除污垢，调整机械部分，消除偏斜
电磁铁不能克服弹簧的作用力	电磁铁过载，电网中的电压低	调整制动器机械部分 暂停工作，并查清电压下降原因
接触器嗡嗡声增高	线圈过载 磁流通路工作表面上脏污，磁流通路自动调整系统中有卡塞现象	减少触头压力，消除污垢，消除卡塞
触头过热或烧损	触头压力不足，触头脏污	调整压力，消除或更换
主接触器不能接通	闸刀开关未合上，紧急开关未合上 舱门开关未闭上 控制电路的熔断器烧断，线路无电 控制器手柄未放回零位	合上开关，检查并更换熔断器，用电笔检查线路有无电压 将控制器手柄放回零位
起重机运行中接触器经常掉闸	触头压力不足 触头烧坏 触头脏污 超负荷造成电流过大 轨道不平，影响滑线接触	调整触头压力，先用锉刀挫平后用“0”号砂纸磨光触头或更换 清洗 减负荷 修整轨道

续表

故障现象	产生故障原因	排除方法
当控制器合上后电动机仅能往单方向转动	控制器反向触头接触不良或控制器转动机构有毛病 配电线路发生故障，限位开关发生故障	检修控制器并调整触头 用短接法找出故障并清除之，检视限位器并恢复接触
控制器工作时发生卡塞和冲击	定位机构发生故障，触头撑位于弧形分支中	消除故障 调整触头位置
运行中控制器扳不动	定位机构有毛病或卡住，触头压力不足触头烧连	拉闸停车修理控制器触头
触头烧坏	触头压力不足 触头污染	调整压力 清洗触头
液压电磁铁通电后推杆不动作	推杆卡住 网络电压低于额定电压的85% 延时继电器延时过短或常开触头不动作 整流装置损坏 严重漏油 油量不足或活塞与轴承有气体	消除卡塞 提高电压 调整修理电器，延时应为0.5s左右 修复或更新，补充油、修理密封 补充油液排除气体

（四）起重机械液压系统常见故障原因及排除方法

起重机液压系统常见故障原因及排除方法见表7-4。

表7-4　起重机液压系统常见故障原因及排除方法原因及排除方法

故障现象	产生故障原因	排除方法
液压系统漏油	接头松动 密封件损坏 管道破裂	拧紧接头 更换密封件 焊补或更新
油压升不上	油箱油量不足或吸油管道堵塞 溢流阀开启压力过低 油泵供油不足 油泵损坏和漏损大 压力管路和回油管串通或液压元件泄漏过大	加油或检修 调整溢流阀 增加发动机转速 检修油泵 检修油路，注意阀中心回转接头马达等

续表

故障现象	产生故障原因	排除方法
液压系统噪声严重	管道内存在空气，油温过低 管道及元件没有紧固 平衡阀失灵 滤油器堵塞 油箱油量不足	多次动作，排出气体。低速运转将油加热、紧固。 调整检修平衡阀，清洗或更换滤芯，加油。
油液发热严重	油压过高 环境温度过高 平衡阀失灵	调节溢流阀 停车冷却 检修平衡阀
油压表不指示	减摆器失灵 压力表损坏或油压表进油路堵塞	检修 更换压力表或疏通油路
自行式起重机支腿收放失灵	双向液压锁中单向阀密封性不好 油缸内部漏油	检修平衡阀 检修活塞上的密封件
落臂缩臂时压力过高或有振动现象	平衡阀各小孔堵死，吊臂固定部分和活动 部分摩擦力过大或有异物梗阻 油缸筒内有空气	清洗平衡阀，检修 在空载下落地几次将油缸筒中气体排出
转向沉重	油泵齿轮端面间隙过大 油箱缺油 恒流阀柱塞卡死	更换 加油 清洗
转向时左右轮不等，直线行驶时跑偏	控制滑阀位置不正确	调整、更换

（五）流动式起重机械传动常见故障及排除方法

流动式起重机械传动常见故障及排除方法见表7–5。

表7–5　流动式起重机械传动常见故障及排除方法

故障现象	产生故障原因	排除方法
踏下离合器动力传不到起重机上吊物或起重臂下降时制动器内发出嗡嗡声	离合器拉螺丝松脱或控制系统拉杆比例失调 在伞齿减速箱内和空心连杆相连接的夹头处松脱，制动带间隙过小	旋紧螺丝、调整杠杆、卸下伞齿减速箱底盖，旋紧夹头处螺钉，调整制动器弹簧

续表

故障现象	产生故障原因	排除方法
制动器失效	制动带磨损，弹簧失效，带上有油	更新、擦拭除油渍
各齿轮机构中有杂音	润滑油不足或润滑油黏度不良，齿轮磨损、崩溃、啮合不正常或杂质落入减速箱内	换油，更新齿轮，清除杂质
回转时发出隆隆声，转动不正常	旋转机械中力矩联轴节的弹簧压力不足	调整弹簧压力
轴承发热	轴承盖固定螺钉太紧缺润滑油	调整螺钉或加油

第八章

起重机司机的安全操作要求及方法

第一节　起重机司机的安全操作要求

一、安全操作的一般要求

（1）起重作业人员班前、班中严禁饮酒。起重作业人员操作时必须精神饱满，精力集中，操作时不准吃东西、不准看书报、不准闲谈、不准打瞌睡、不准开玩笑等。

（2）起重作业人员接班时，应进行例行检查，发现装置和零件不正常时，必须在操作前排除。

（3）起重机开车前，必须鸣铃或报警。操作中起重机接近人时，亦应给予断续铃声或报警。

（4）操作应按指挥信号进行。对紧急停车信号，不论任何人发出，都应立即执行。

（5）非起重机驾驶人员不准随便进入起重机驾驶室。检修人员得到起重机司机许可后，方可进入驾驶室。

（6）当起重机上或其周围确认无人时，才可以闭合主电源。如电源断路装置上装锁或有标牌时，应由有关人员除掉后才可以闭合主电源。

（7）闭合主电源前，应使所有的控制器手柄置于零位。

（8）起重机上有两人工作时，事先没有互相联系和通知，起重机司机不得擅自开动或脱离起重机。

（9）驾驶起重机应使用手柄操作，停起重机不要用安全装置去关，不许用人体其他部位去转动控制器，以防在异常工作下来不及采取紧急安全措施。

（10）工作中遇到突然停电，应将所有的控制器手柄扳回零位，在重新工作前应检查起重机动作是否都正常；因停电重物悬挂半空时，起重作业人员应使地面人员紧急避让，并立即将危险区域围拦起来，不准任何人进入危险区。

（11）起重机停止作业时，应将重物稳妥放置地面。

（12）多人挂钩操作时，驾驶人员应服从预先确定的指挥人员的指挥。当吊运中发生紧急情况时，任何人都可以发出停止作业的信号，驾驶人员应紧急停车。

（13）起重机起吊重物时，一定要进行试吊，试吊高度H≤0.5m。

（14）在任何情况下，吊运重物不准从人的上方通过，吊臂下方不得有人。

（15）在调运过程中，重物一般距离地面0.5m以上，吊物下方严禁站人。在旋转起重机工作地带，人员应站在起重机动臂旋转范围之外。

（16）在轨道上露天作业的起重机，当工作结束时，应将起重机锚定住。

（17）起重作业人员进行维护保养时，应切断主电源，并挂上标志牌或加锁，如有未消除的故障应通知接班人员。

（18）控制器应逐步开动，不要将控制器手柄从顺转位置直接猛转到反转位置（特殊情况下例外），应先将控制器转到零位，再换反方向，否则吊起的重物容易晃动摇摆或因销子、轴等受到过大扭力而发生事故。

（19）起重机工作时不得进行检查和维修，不得在有载荷的情况下调整起升、变幅机构的制动器。

（20）不准利用极限位置限制器停车。无下降极限位置限制器的起重机，吊钩在最低工作位置时，卷筒上的钢丝绳必须保持有设计规定的安全圈数。

（21）起重机工作时，臂架、吊具、索具、辅具、缆风绳及重物等，与输电线的最小距离必须符合有关规定。

（22）流动式起重机，工作前应按使用说明书的要求平整停车场地、牢固可靠地打好支腿。

（23）对无反接制动性能的起重机，除特殊紧急情况外，不准利用打反车进行制动。

（24）用两台或多台起重机吊运同一重物时，钢丝绳应保持垂直；各台起重机的升降、运行应保持同步；各台起重机所承受的载荷均不得超过各自的额定起重能力。如达不到上述要求，应降低额定起重能力至80%；也可由总工程师根据实际情况降低额定起重能力使用，吊运时，总工程师应在场指导。

（25）有主、副两套起升机构的起重机，主、副钩不应同时开动（对于设计允许同时使用的专用起重机除外）。

二、起重操作“十不吊”

（1）指挥信号不明或乱指挥不吊；

（2）物体重量不清或超负荷不吊；

（3）斜拉物体不吊；

（4）重物上站人或浮置物不吊；

（5）工作场地昏暗，无法看清场地、被吊物及指挥信号不吊；

（6）工件埋在地下不吊；

（7）工件捆绑、吊挂不牢不吊；

（8）重物棱角处与吊绳之间未加垫衬不吊；

（9）吊索具达到报废标准或安全装置失灵不吊；

（10）钢铁水包过满不吊。

三、安全操作特殊要求

起重作业人员除了执行起重作业一般要求及本企业、本机型安全技术操作规程外，还要执行安全操作特殊要求。起重作业安全操作特殊要求主要有以下几方面。

（1）接受吊装任务前，必须编制起重吊装技术方案。作业前应进行安全技术交底，强调安全操作技术，全面落实安全措施。

（2）对使用的起重机械、机具、工具、吊具和索具进行检查，确认符合安全要求后方可使用，必要时要经过验证或试验后认可。

（3）起重作业人员在操作中要登高作业，必须办理登高作业安全许可证，并采取可靠的安全措施后方可进行。

（4）两人以上从事起重作业，必须有一人任起重指挥，现场其他起重作业人员或辅助人员必须听从起重指挥统一指挥，但在发生紧急危险情况时，任何人都可以发出符合要求的停止信号和避让信号。

（5）起重作业时，起重吊具、索具、辅具等一律不准与电气线路交叉接触。

（6）运输吊运大型、重型设备时，事先要测量道路是否安全无阻，对道路上空和两侧的输电线、架空管道、地下设施、道路两侧的建筑物必须采取有效安全措施。

（7）严禁将钢丝绳、缆风绳拴在易燃易爆有毒管道、化工受压容器、电气设备、电线杆等物体上。

（8）吊起的重物在空中运行时不准碰撞任何其他设备或物体。禁止物体冲击式落地。吊物不得长时间在空中停留。

（9）运输重型物要在道路中停放时，停放位置不能堵塞交通，夜间要设置红灯信号。重物要通过铁道道口时，事先要与有关部门和看道人员取得联系并得到许可后，方可在规定时间内通过。

（10）运输重物上、下坡时，要有防滑措施。

（11）运输板材、管材或超长物体时，要有安全标志和防惯性伤害的安全措施。

（12）搬运易碎物品，应使用专用工具，小心轻放。装运易燃、易爆物品，严禁吸烟和动用明火，不得穿带有铁钉的鞋，必须轻装、轻卸，不得猛烈撞击，不得乱抛乱扔。

（13）在化工区内从事起重作业，必须遵守化工区内的其他各项安全规定。

（14）认真穿戴好个人防护用品，作业前必须戴好安全帽。

第二节　起重机司机的安全操作方法

因为使用、操作不当，管理不善或环境因素造成的事故，比设计制造安装缺陷而造成的事故要多得多。因此，加强管理，纠正人为错误，提高司机操作水平是预防或降低起重伤害事故的重要措施。

一、稳钩操作的基本方法

稳钩是使摆动着的吊钩平稳地停于所需位置或吊钩随起重机平稳运行的操作法。稳钩是司机操纵起重机进行安全生产的基本操作技术。

（1）常见吊钩游摆的种类

①横向游摆；②纵向游摆；③斜向游摆；④综合性游摆（游圈钩）；⑤吊钩与被吊物件相互游摆。

（2）吊钩游摆的形成

①斜吊：在吊物时，吊钩不能准确定位，在重力的水平分力作用下产生物件与吊钩的运动。如产生横向偏斜就产生了横向游摆；产生纵向偏斜就产生了纵向游摆；产生横、纵向偏斜就产生斜向游摆。

②大、小车起动的影响：大车（或小车）由于起动较快，车体在短时间内突然移动，吊钩由于静惯性作用而产生游摆。由小车快速起动产生纵向游摆；由大车快速起动产生横向游摆；由大、小车同时快速起动则产生斜向游摆。

③大、小车制动的影响：大、小车的突然制动，吊钩及物件由于动惯性的作用产生相应的游摆。大车突然制动产生横向游摆；小车突然制动产生纵向游摆；大、小车基本同时突然制动则产生斜向游摆。

④物件吊装不当的影响：在吊运轻型物件、特别是重量小于吊钩重量的物件，如用很长的绳索吊运，则往往产生吊物与吊钩之间的相互游摆。

⑤操作影响：司机技术不熟练，不会控制吊钩，开车不平稳。由于大、小车的惯性力，使车体与吊钩之间产生综合性游摆即圈钩游摆。

（3）吊钩游摆的原因

吊钩在平稳状态时，只有垂直方向的力（图8-1），吊钩游摆，一般是由于吊钩偏斜时引起。这时，除受垂直方向的力以外还有一个钢丝绳偏斜产生的水平方向的分力P（如图7-1），正是分力P使吊钩产生游摆。显而易见，只要消除水平方向的分力P，就能消除吊钩的游摆，使其平稳。

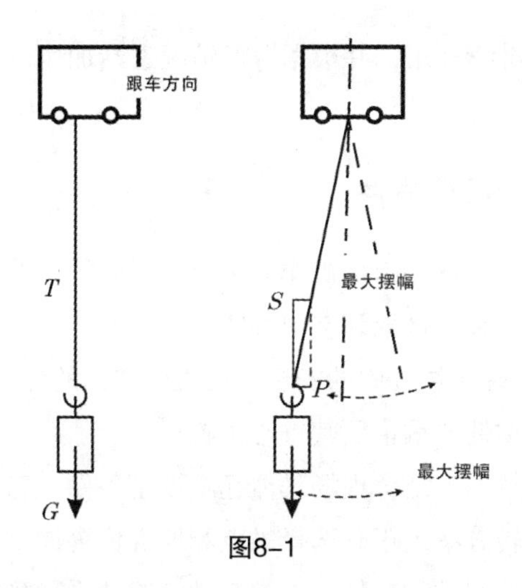

图8–1

（4）防止游摆的措施

司机要遵守操作规程：吊物时吊钩要准确定位做到垂直起吊；起吊时要逐挡慢速起动，操作中最好采用点动的办法；大、小车的制动器调整适宜；做到起步、停车平稳；选择长度适宜的吊索，即可防止吊钩与物体的相互游摆。

（5）稳钩操作的要领

稳钩操作是在吊钩游摆到幅度最大而尚未向回摇摆的瞬间，也就是游摆方向的力达到最大值时，把车跟向吊钩摇摆的方向（钩向哪边游，车向哪边跟）。在向吊钩摇摆的方向跟车时大车或小车就通过钢丝绳传给吊钩一个与吊钩回摆力方向相反的作用力，从而抵消作用于吊钩水平方向的力，达到消除游摆、稳住吊钩的目的。

跟车距离应使吊钩的重心恰好处于垂直的位置。此时，车体与吊钩速度相等，吊钩与车体二者相对速度为零，实现了吊钩与车体同步运行，这就把吊钩稳住了。跟车距离的大小根据游摆幅度的大小决定，一般摆幅大，跟车距离就大；摆幅小，跟车距离就小。跟车的速度一般应适宜，都不宜太慢，否则往往不但稳不住钩，反而可能使游摆加大。

横向游摆时开大车跟步稳钩；纵向游摆时开小车跟步稳钩；斜向或综合性游摆时同时开动大、小车跟步稳钩；吊钩与重物相互游摆时，可按上面的方法先稳钩，然后稳物。

起动时的稳钩，先开动一下起重机，使吊钩产生人为摆动，在吊钩向起重机移动方向摆动时，再继续开车，并根据游摆情况逐渐加速，使吊钩随起重机一起平稳运行。

二、物件翻身的操作方法

物件翻身是起重机司机在起重机作业中经常碰到的一种作业，常见的有地面翻转（亦称兜翻）、游翻、带翻和空中翻四种。

（1）为确保物件翻转过程中的安全，司机应掌握的要点

①正确估计被翻物件的重量及其重心位置；

②根据被翻物件特点，结合现场具体起重设备条件，确定翻转方案；

③根据选择的翻转方案，正确选择吊点和捆绑位置；

④操作中要时刻控制被翻物件，力求起动、制动平稳防止冲击；

⑤翻转操作中还必须保证：地面人员的人身安全，起重机不受冲击、振动，被翻物件本体不被碰撞，以及周围的其他物体或设备不被碰撞。

（2）兜翻操作要领及其安全注意事项

①兜翻操作（地面翻转）是把翻转用的钢丝绳挂在物件的底部或者侧面的下角，不要挂在侧面的中部。吊钩保持垂直上升的位置，用随时校正车体位置来保证。吊钩垂直上升到被翻物件重心超过垂直的中心位置时，被吊物体就能自己翻倒过去。在被翻物件自行翻转的一瞬间，吊钩要迅速地下落，以防止起重机受到冲击振动。

②兜翻安全注意事项：

兜翻物体要不怕碰撞，如铸件、毛坯之类的工件。加工后的精密部件、重要部件以及易损坏、变形的物品不允许兜底翻。

a.钢丝绳兜挂位置要合适。一般钢丝绳必须兜挂在被翻物体的底部或两侧的下角部位，使兜挂点的水平高度能在兜翻过程中由低变高，且不能靠近物体的重心高度，防止物体在重力矩作用下发生连续翻和吊具损坏及引起起重机冲击振动。

钢丝绳挂兜位置应使兜翻过程中物体重心变化最小，以减少物体碰撞。

b.操作要正确，关键吊钩要始终保持垂直，边起吊边校正大车或小车。兜翻起吊速度要慢，当被翻物件自行翻转的瞬间，吊钩要迅速下落，避免起重机在重力矩作用下受到冲击振动。

c.要有安全措施，在物件翻落点应铺设垫物，如木板、轮胎等。同时应估计被翻物件自行翻转后可能发生的各种不安全因素，并采取相应的预防措施。

（3）带翻操作及安全注意事项

①带翻操作是物体吊起来后，再立着落下，落到钢丝绳绷紧的程度，然后向要翻的方向开车，把被翻物体带倒，并在物体倾倒的瞬间再顺势落钩。

②带翻操作的安全注意事项：

a.被翻物体吊起一端后，另一端要保持在原地，不得移动，并不宜将物体吊离地面。要保证钢丝绳一直处于绷紧状态，避免钢丝绳松弛时翻转，造成冲击和意外事故。

b.在斜拉被翻物体时，吊绳与垂直方面的斜角不超过5°，一般在3°左右，若在5°范围内不能翻转，必须改变吊挂方法或采取其他措施。如在被翻物体着地的一侧加垫木，使重心移向要翻的一边，也可改变系结点和吊点，增加物体重心的不稳定性，使之容易翻倒。

c.在物体被带翻的瞬间，须及时校正大车和小车，使吊钩随着物体的翻转始终保持垂直。吊钩在不垂直情况下起、落时，钢丝绳易从滑轮槽中脱出。作业后应检查钢丝绳是否出槽，若出槽应及时处理。

（4）游翻操作

游翻是人为游摆加上带翻的翻物方法。多用于扁形或不怕碰撞的物体。具体操作方法是把工件吊到适当高度之后，先造成人为摆动，当摆幅达到最大的一瞬间再迅速落钩并同时向回开车，使物体下部着地，上部靠自身惯性作用向前倾倒。吊钩要一直顺势往下落，操作要同时校正大、小车，使吊钩在翻转过程中基本保持垂直。

游翻中注意，要使被翻物体恰好处于垂直或接近垂直的瞬间接地；同时要注意防止游摆物体与周围物体相碰撞；操作应及时、果断。

（5）空中翻转操作及安全注意事项

空中翻转多用于重要或精密的工件及部件上，可用单钩也可以用主副钩或双小车的桥式起重机利用本身两套起升机构协同完成物体的翻转工作。单钩翻转是把物体吊到适当的高度，再用人操纵翻转。用主副钩翻转是用主钩吊挂物体的上部，用副钩吊挂物体的下部，主钩将物体吊起后，副钩跟随上升至一定高度后，主钩停止运行，副钩将物体下部继续上拉，即可完成物体翻转。翻转主副钩应协调动作并注意翻转的方向。

空翻中的安全注意事项：

①正确估计物体重量及其重心位置；

②正确选择吊点和捆绑位置；

③防止翻转物割断钢丝绳，保证物体不被钢丝绳损坏；

④防止翻转过程中物件变形；

⑤防止翻转过程中物件的自行翻转。

三、吊运熔化金属或满载吊运时的操作方法

每次吊运熔化金属和每班第一次吊运满载负荷时必须试车。试车的目的是要验明起重机各有关机构、零部件、安全装置和制动器的可靠性和安全性能，以杜绝可能由此产生的恶性事故。

试车方法：先吊离地面150~200mm时刹住，做静态制动试验，观察制动器情况。若静态制动可靠再起升到离地500mm，然后降落过程中做动态制动。静、动试车可靠后方可投入运行。只有一套制动器的起重机不能吊运熔化金属；在吊运重物时不准调整制动器。

四、两（多）台起重机抬物的操作方法

两台或多台起重机合吊一重物时，原则上是不允许的。如果确无其他吊运方法，则必须征得设备部门或总工程师同意，并制定相应的安全措施，经安全部门审核同意后方可吊运。

对吊运设备、物件的重量及平衡梁、吊点应进行计算并校核。

作业人员对预先分析可能出现的危险应采取预防措施，并制定起重吊运工艺规程，明确人员分工，同时，必须有专人指挥，在安全技术等有关部门的监督下，严格按规定的工艺程序进行。

五、特殊情况下的操作方法

（1）制动器失灵的操作方法

在实际操作中，有时也会遇到制动器突然失灵的现象。所谓制动器失灵，就是控制器手柄转到零位，吊钩或车体仍在运行。造成制动器失灵故障原因有机械

损坏、电气故障、操作不当引起“假象”失效三种情况。不论是什么原因造成升降机构制动器突然失灵时，司机一定要沉着、冷静、迅速地根据吊运物件的位置情况做出正确判断，采取合理的应急措施，防止所吊物件自由坠落。

①机械方面原因造成升降机构制动器突然失灵时，首先进行一次点车或反向操作，这既是为了控制重物坠落，又使制动器重复松闸和上闸动作以消除有可能制动器发生的卡阻和偶然故障，使制动器恢复正常。若制动器失灵不能消除，应立即发出紧急信号，同时寻找可以降落的地点，如当时物件所处位置下面没有人和设备，就把控制器手柄用正常的操作方法转到下降速度最慢一挡，使物件就地降落，决不允许让物件自由降落。最好在物件要接地前能反向点一下车，以消除下降中的动能，防止降落时砸坏物件。如果当时情况不允许直接降落物件，就要迅速把控制器手柄逐级地转到上升速度最慢的一挡，因为转矩变化大，会使过电流继电器在触点脱开把电源切断，造成重物自由坠落，势必发生事故。所以要根据实际情况，将吊钩重复做几次上下运动操作。与此同时将大、小车开到安全地点，慢慢把重物安全降到地面，并及时向有关部门报修制动器。

②电气故障导致制动器失灵的应急措施。如果在点车或反向操作之后，重物仍在下滑，起升机构不能正常开动时，可判为电气故障，这时应立即拉下紧急开关和保护箱闸刀开关，切断电源或切断大车滑线总电源，使制动器合闸制动，把被吊物件制动住。然后查明原因，排除故障。

③制动器“假象”失效是司机经验不足或操作失误和握持控制器的方法不正确所致。在停车时，控制器手柄没有正确地停在零位上，此时制动电磁铁没有断电，升降机构仍在运行，可是司机却误认为已经停车，以致把这时发生的吊物迅速下降的现象认为是制动器失灵。遇到这种情况，可用点车或反向操作或把控制器扳回零位，“假象”失效就会消除，并马上就可以发现是自己操作原因引起判断失误。

（2）失控情况下的操作方法

所谓失控就是电动机处于通电情况下，控制器却失去了对机构正常控制作用。起升机构的失灵，就是控制器手轮处于某一上升位置时，工件却以很快速度下降，但没有达到自由坠落的速度。

形成失控的原因：当负载停在空中时，再次上升的操作过程慢或控制器手柄在上升第一挡停留时间过长；重载点动，微距离下降时点车动作过慢。这些都会使电动机被重物拖着倒转形成失控。尤其在重载时，表现更为明显。显而易见，这是操作不当引起的。但更为重要的是控制线路及电气元件的故障造成失控，应查明原因，迅速排除故障，不得让起重机带病运行。

（3）利用电动机机械特性的操作方法

起重机司机要会利用电动机的机械特性进行合理的操作，使电动机的性能得以充分发挥，以提高工作效率。

大小车机构的操作方法：主要通过电动机驱动来克服机构开始运行时的静摩擦阻力和行走时的动摩擦阻力以及车体的加速作用。起重机上采用的凸轮控制器的控制电路是对称的。对称电路就是在机构的正反方向上都有着相同特点的电路，即电路中的电阻是对称分布的。因平移运动时，电动机所承担负载也是对称的。由电动机的机械特性曲线可以看出：电动机带动机构运行的逐级加速时间有长短，它是根据起重机的跨度、吨位及其效率决定的。起重量大，跨度大，则加速时间长些；高效率的起重机就短些，通常在3s左右为好。但衡量加速时间是否恰当，还要从逐级加速过程中起重机是否发生振动和电动机旋转声响是否正常来确定。机构不产生振动和电动机声响正常即表示加速时间正好。当控制器手柄转到第二级位置不能起动负载时，即说明超负荷或发生了故障。

升降机构的操作方法：在由对称电路控制的升降机构中电动机机械特性曲线不是对称的，因升降机构的上下运动情况不相同，上升第一级的电动机起动转矩是其额定转矩的65%，上升第二级起动转矩是电动机额定转矩的140%。如果手柄在第二级不能起动负载，就说明超负荷或电气、机械方面出现了故障，此时就不能正常起吊，待查明原因后再起吊。在重载下降时，手柄不允许在下降第一级停留，因为此时下降速度接近或超过电动机同步转速的二倍，而且惯性也很大，极容易损坏电机，但点动是可以的。升降机构的运动虽然是对称的，但其所带动负载却是不对称的。上升时是阻力负载，此时电动机既要克服传动机构的摩擦阻力，又要带动重物上升，所以电动机所承担的转矩是很大的。而下降是动力负载，此时由于重物的重力作用，本身即可以克服机构的摩擦阻力或电动机供给很小的一点驱动力矩就可以使重物下降，所以下降时电动机是处于回馈制动状态。升降机构中具有两级反接制动的操作方法基本上是一致的（指重物上升时），但在下降时的操作方法却有很大区别，在实际操作中不允许使用反接制动级做长距离的低速下降，以防事故发生。对具有反接制动和单相制动的起升机构，其下降第一级是反接制动级，用于超过额定负载60%的重载低速微距离下降。其下降第二级是单相制动级，用于小于额定负载60%的负载低速微距离下降方面。下降第三级是发电反馈下降级，用在各种负载的高速长距离下降。反接制动级与单相制动级只能用于在短距离的下降方面，否则，将会引起电动机和电阻器的过热或烧毁电动机。

正确地运用电动机的机械特性曲线，才能合理而准确地操纵起重机，同时安全也能得到保障。

第九章

指挥人员的安全操作要求

一、掌握起重作业的四要素

起重作业要提高生产效率、降低劳动强度、保证安全，指挥人员必须掌握以下四个要素。

（一）了解工作环境

工作环境是指工作空间及周围的条件，一般包括进、出路是否畅通、土质是否坚固、厂房高低宽窄、工作场所周围是否有人员活动等。了解工作环境是为了充分利用现场的有利条件，克服不利因素，比如选择适合的卷扬机、设置缆风绳等，安排作业人员工位或布置大型起重机械等。充分了解工作环境是安全作业的基础。

（二）了解工作物

了解工作物的形状、体积、结构，目的是掌握工作物的重心，以便选择正确的吊挂点，避免工作物受力后出现不应当发生的变形、挤压、串位等现象，保证工作物不受损坏。

了解工作物的另一个重要内容是了解重量。对工作物重量失估，是一些事故的根源。不明确工作物重量，就不能合理选择索吊具，就不能合理配备起重设备。只有充分了解工作物，才能真正避免盲目、冒险作业。

（三）配备工具设备

配备工具设备要安全、合理、方便。往往有这样一种情况：为了安全，无限加大安全系数，不顾经济效益和操作的可能性，这是没有真正掌握安全技术。另一种情况是为了省工省料，贪图方便和经济利益，忽视安全，这也是不合理的，其后果更可怕。科学地配备工具、设备，是一项细致而复杂的工作，指挥人员必须将实践经验和技术知识结合起来，保证这一重要环节不出问题。

（四）组织作业人员

作业人员是一个重要因素。组织作业人员，要明确分工、明确职责，并协调一致。在准备阶段、关键工序、工作临近结束时，组织工作都非常重要，一个技术全面、配合默契的工作群体，是安全作业的重要条件。

二、基本作业要点

（1）必须熟悉起吊工具的基本性能，最大允许负荷，报废标准和工件的捆绑，吊挂要求及指挥信号，严格执行安全操作技术规程。

（2）工作前应认真检查所需用的一切工具、设备是否良好，若发现链条、钢丝绳、麻绳以及吊具已达到报废标准，应严禁使用，并穿戴好防护用品。

（3）进行设备起重作业前，应切实查明设备本身的重量，并通过计算，正确地选用起重机具和方法。对复杂的起重作业，应编制施工方案，并经施工单位技术总负责人批准。施工时应该按施工方案逐项认真检查，严格执行，如需修改，应按原批准程序办理手续。

（4）起吊设备时，吊索捆绑应按箱上的标记，设备上专用的吊装部位和设备技术文件的规定进行，并应注意以下要点：

①设备应捆绑稳固，主要承力点高于设备重心，以防倾倒。

②吊索的转折处与设备接触的部位，应垫以软质垫料，防止吊索和设备损坏。

③捆绑易变形的设备时，应采取措施，防止其变形。

④设备上可能滑动的部件应予以固定，以防滑动而碰损。

（5）起重机具、桅杆、卷扬机和索具等安装后，必须认真检查，其连接和固定应稳妥、牢固，电气和制动等装置应安全可靠。

（6）需要利用建筑物作为设备起重搬运的承力点时，必须严格符合建筑施工图上所注明的允许利用的负荷地点和负荷量，如无规定时，应准确地提出起重搬运方案，并征得设计单位的书面同意后，方可利用，同时应采取措施防止损伤建筑物。

（7）起重搬运工作中，各操作人员应分工明确，动作协调一致，并服从统一的指挥（多人操作，即两人以上，必须明确一人统一指挥）。

（8）起吊设备前应全面检查各部分情况，使其符合稳妥、牢固和安全的要求，起吊时应先将设备稍稍吊离地面作为试吊，此时应再全面检查，确认稳妥牢固后，方可继续起吊。

（9）起吊设备时，应垂直上升，如受环境或起重机具的限制不得不斜向上升时，应经过周密计算，并采取有效措施，保证安全。起重机械如流动式、桥式起重机等，严禁斜向提升设备。

（10）设备在起吊过程中，不得中间停止作业，指挥人员和起重机械的司机不得随意离开岗位，所吊设备上不得有人，下方亦不得有人停留或通行，若工作人员必须在所吊设备下方进行工作时，应采取安全措施。

（11）吊运重物时尽可能不要离地面太高，在任何情况下，禁止吊运重物从人员上空越过，所有人员不准在重物下停留或行走，不得把物件长时间悬吊在空中。

（12）吊运物件时，必须使物件重心平稳，起运大型物件，必须有明显标志（白天挂红旗，晚上悬挂红灯）。

（13）工作时应事先讲清起吊地点及运行通道上的障碍物，招呼逗留人员避让，起重工也应选择恰当的上风位置及随物护送的线路。

（14）工作中严禁用手直接校正已被重物张紧的吊索，如钢丝绳、链条等。吊运中发现捆绑松动或吊运工具发生异样、怪声，应立即停车进行检查，绝不可有侥幸心理。

（15）翻转大型物件应事先放好旧轮胎或木板等衬垫物，操作人员应站在重物倾斜方向的对面，严禁面对倾斜方向站立。

（16）选用的钢丝绳或链条长度必须符合要求，钢丝绳等的夹角要适当，最大不能超过120°。

（17）吊运物件如有油污，应将捆绑处油污擦净，以防滑动。

（18）指挥多台起重机抬吊一重物时，应在企业主要技术负责人直接领导下进行。特殊吊装应慎重周密，并要保证两台起重机之间有一定距离，不得碰撞。

（19）使用滚杠时，两端不宜伸出工件底面过长，防止压伤手脚，滚动时应设监护人员。人不准在重力倾斜方向一侧操作。钢丝绳穿越通道，应挂有明显标志。

（20）起重搬运中，如出现不正常现象时，应立即停止工作，查明原因，予以纠正后，方得继续工作。

（21）设备起吊就位后，应放置稳固，对重心高的设备，应先采取措施，防止其摇动或倾倒，然后方可拆除起重机具。

（22）装卸或搬运装在箱内的设备前，应检查箱体及撑木是否牢固，如在装卸或搬运中可能使设备受损时，应将箱体或撑木加固以防设备损坏。

（23）设备搬运所经过的道路应平坦，路面下的沟道和管线等隐蔽工程及其覆盖物等耐压情况必须查明，若不能承受设备的负荷时，应采取措施或改道搬运。

（24）工作结束后，应将所用工具擦净油污，维护保养，妥善保管。

（25）使用起重机应和司机密切配合，严格执行起重作业“十不吊”规定。

三、起重装卸危险物品安全要点

（1）装卸搬运危险品必须严格遵守国家关于爆炸物品管理规则的各项规定和“化工产品安全管理”的各项规定。

（2）装卸块状矿物或有大量粉尘的货物（如水泥、石灰、石英矿等）应将袖口、裤脚扎紧、戴好防尘口罩、防尘帽。

（3）冬季装卸，应将道路和跳板上的积雪和冰霜清扫干净，并采取防滑措施。

（4）凡具有易燃、易爆、有毒、有腐蚀、有放射性物品以及压缩气体或液化气体气瓶等，均为危险品。装卸危险品时应先了解危险品的性质、包装情况和操作要求。

（5）进行危险品装卸作业时，禁止随身携带火柴、打火机、易燃物品以及可能引燃的其他物品。

（6）装卸危险品时，必须轻拿轻放，不准冲撞、肩扛、背驮、拖拉和猛烈振动。

（7）危险品装车应堆码整齐、平稳、禁止倒放，装载不得超过规定高度。

（8）危险品包装如有严重腐蚀、损坏、容器加封不严密或有渗漏现象，禁止搬运。

（9）装运硝钠、亚硝钠时，如发现破包应立即套包，禁止将破包装入库。

（10）对于遇水能起反应的危险品（如电石等），禁止雨天装卸。

（11）起卸电石桶时，桶盖不准对人。如发现桶身有膨胀现象，应先将桶盖螺丝松开，使盖内气体放出后再行搬运。

（12）搬运电石桶不应使用钢质、铁质工具，且不得将桶放在潮湿的地方。

（13）装卸黄磷必须先检查。如发现桶漏，少水或无水时禁止装运。

从事装卸、搬运沥青的工人，应佩戴有披肩的风帽、防护眼镜、鞋盖、口罩、手套等，工作完毕后必须先洗澡。

皮肤病患者或对沥青过敏的工人，不得从事沥青工作。

（16）装卸放射性物品前应明确放射性物品的等级和状态。手提重量不应超过30kg，抬装、抬卸为30~150kg，超过150kg时，应采取搬运机械装卸。不要采用肩扛、背驮、抱揽直接接触身体的装卸方法，并保证每人每天放射性最大允许剂量不超过0.05伦琴。作业时间不得超过表9–1的规定。

表9–1　装卸放射性货物允许作业时间表

运输包装等级	包装表面放射线剂量率（毫伦琴/小时）	徒手装卸（直接接触包装表面）	简单工具装卸（人与包装距离0.5m以上）	机械化装卸（人与包装距离1m以上）
一级	1	16小时30分	24小时30分	24小时以上
二级	15	1小时	6小时	23小时
三级	200	不允许徒手作业	25分	1小时50分
四级	大于200	同上	5分	19分

第十章

起重机械事故案例分析

案例一　2005年7月31日云南安宁桥式起重机制动器失效吊物损毁事故

（一）事故概况

2005年7月31日9时57分，云南省安宁市青龙镇云南华电昆明发电有限公司昆明二电厂，云南省火电建设公司发生一起桥式起重机事故，造成经济损失300万元。

事故发生时，云南省火电建设公司昆明二电厂热机分公司正在用1号桥式起重机（厂内编号）吊装汽轮机低压转子。上午9时多，钳工要求将转子从低压缸吊出，在转子轴颈起吊到约200mm高度时，制动并检查刹车，确认无问题。第二次起钩，升约50～100mm时停止上升，再次制动并试刹车未发现异常。两次试刹车间隔约1分钟，整个试刹车过程未见任何异常，没有出现溜钩现象。第三次发出起钩信号升约1300mm左右时停止，起重机制动器突然失效，低压转子坠落毁坏。

（二）事故原因分析

1.直接原因

制动器整流块烧坏，制动器处于制动状态，电气制动保护无效，电机在该状态下继续旋转，导致制动器摩擦片损毁，是引起事故的直接原因。

2.间接原因

事故起重机配置的内置式制动器不适合本工程现场工况使用。

（三）预防同类事故的措施

1.将电机内置制动器改为外置盘式制动器，确保安全，便于观察和维护。

2.在外置制动器上装设松闸到位开关。

3.将松闸到位开关和起升回路进行电气联锁，当制动器没有完全打开时，起升机构不能运转。

4.在整改措施未完成前，由起重机制造单位对2号桥式起重机（厂内编号）进行全面检查、调整，彻底排除存在的安全隐患，确保安全使用。

案例二　2005年11月22日江苏南京桥式起重机脱轨坠落事故

（一）事故概况

2005年11月22日15时，江苏省南京市六合区瓜埠镇单桥村南京力钢铸造有限公司发生起电动葫芦桥式起重机事故，造成1人死亡。

事发地点为该公司清砂车间，该车间2号（厂内编号）电动葫芦桥式起重机在起吊约7t重的砂箱时，双梁脱轨，从7m高处整体坠落，导致铸造造型工崔某死亡。事故起重机坠落后斜横卧在车间，电动葫芦小车飞出起重机横梁、电动机损坏，部分电器散落一地。

（二）事故原因分析

1.直接原因

工人在翻砂作业中，依靠起重机的斜拉力量来使翻砂箱体翻身，斜拉力致使起重机大车向一侧快速运动，大车端梁在受到固定压板阻挡后发生旋转，引起坠落。

2.间接原因

作业人员未经安全技术培训，无证违规作业。

（三）预防同类事故发生的措施

1.加强对员工的安全教育，禁止歪拉斜吊。

2.严格落实特种设备持证上岗制度，杜绝无证上岗、违规作业。

案例三　2006年3月27日天津塘沽门式起重机支腿折断事故

（一）事故概况

2006年8月27日2时30分，原天津市塘沽区津塘公路13号桥北侧300m处，天津市森达集装箱储运有限公司发生一起门式起重机事故，造成1人死亡，直接经济损失30万元。

事故起重机工作级别A4，跨度16.8m，起重量10t+10t，起升高度8m，注册代码为40201201072002110095，于2001年8月安装使用。2002年6月21日经塘沽特检所首次检验合格，2004年6月21日定期检验合格，2005年8月该单位发现起重机处一支腿（支腿为无缝管，直径325mm，壁厚10mm）有环向裂纹，请电焊工修复后继续使用。

事故发生时，河北沧运集团集装箱运输有限公司驾驶员杨某驾驶冀J58780货车到森达集装箱储运有限公司院内，进行集装箱调门作业。卡车驾驶员杨某谎称箱重18t[该集装箱规格为20英尺（1英尺=0.305米），实际箱重20.19t]。森达集装箱储运有限公司经理刘某派工人宫某（无特种设备作业人员证）操作起重机进行作业。起重机操作人员宫某用两个10t吊钩将集装箱吊起后放在调过头的车上，集装箱东端与车身锁住，西端未锁住需要重新调整；起重机为找准销位，向南移动大车，货车同时也前后移动对销。当操作人员用西边的一个10t吊钩吊起集装箱西端距车身30cm左右时，集装箱东端上沿与另一集装箱发生撞击，起重机一支腿突然折断，砸在货车司机室上方，造成驾驶员杨某重伤，经医院抢救无效死亡。

（二）事故原因分析

1.直接原因

（1）设备存在严重事故隐患。2005年8月该公司发现事故起重机一支腿与上端梁结合处有一环向裂纹，找电焊工进行修理。修理时电焊工对支腿环向长41om长度（占管周长的39.7%）进行补焊，同时以裂纹为分界线在轴向开了一个长度为17cm（裂纹上方为10cm，裂纹下方为7cm）、宽度为2cm的槽处敷了一块加强筋，加强筋外面用角钢焊在支腿上。经检验，焊接质量较差，焊缝有未焊透、未融合等现象，加强筋连接方式对加强支腿强度作用不大。修理后支腿的强度未达到原承载能力的要求，设备“带病”运行。

（2）作业人员无证上岗、违章操作。《特种设备安全监察条例》（2003）第三十九条规定“起重机机械作业人员应当按照国家有关规定经特种设备安全监督管理部门考核合格，取得国家统一格式的特种作业人员证书，方可从事相应的作业或者管理工作”，起重机操作人员宫某违反了该条规定，无证上岗、违章操作。

（3）起重机超载运行。《起重机械安全规程》（GB6067-85）5.1.2.1规定

“有下述情况之一时司机不应进行操作：a超载或物体重量不清”。

起重机操作人员宫某轻信货车驾驶员杨某，在未确认真实重量的前提下违章操作，造成超载作业。

2.间接原因

（1）起重机支腿维修方案和施工质量不符合国家有关规范的要求。《特种设备安全监察条例》（2003）第十七条规定“起重机械的安装、改造、维修必须由依照本条例取得许可的单位进行”；《通用门式起重机》（GB/T14405-1993）4.5.1和4.5.2规定“焊缝坡口应符合GB985和GB986的规定”“焊维外部检查不得有目测可见的明显缺陷，这些缺陷按GB6417的分类为：裂纹、孔穴、固体夹杂、未融合、未焊透形状缺陷及上述以外的其他缺陷”。事故单位违反本条规定，委托不具有维修资质的人员承担维修工作；维修中该打坡口的未打坡口，焊缝存在未焊透、未融合等情况。维修后支腿的强度达不到原承载能力的要求。

（2）事故单位特种设备安全管理制度和操作规程不健全。事故单位特种设备安全管理松懈，操作人员未经培训取证就上岗作业，缺乏安全操作知识；公司经理刘某明知工人宫某不具备上岗资格，还派其上岗作业，违章指挥。

（三）预防同类事故发生的措施

1.加强对特种设备的日常修护保养，维修必须委托有许可的单位进行，杜绝设备“带病”运行。

2.起重机械应及时安装超载保护装置。

3.加强对起重机械作业人员的安全教育，杜绝人员无证上岗，违章指挥、违章操作。

4.建立健全特种设备管理制度和操作规程。

案例四　2006年5月11日广西柳州电动葫芦门式起重机倒塌事故

（一）事故概况

2006年5月11日15时30分，广西壮族自治区柳州市柳北区广西柳州物资储运贸易总公司发生一起通用门式起重机事故。事故未发生人员伤亡：直接经济损失

15万元。

事故起重机为桁架式电动葫芦门式起重机，工作级别：A5，额定起重量：10t，跨度：36m，起升高座：12m起升速度：7m/min，大车运行速度：30m/min小车运行速度：20m/min，露天作业：其主梁为正三角形截面桁架，采用材料为Q235-AF及Q235-B的角钢、槽钢，承轨梁用Q235-AF工字钢制造。事故起重机于2005年8月制造出厂并安装，柳州市特种设备监督检验所2006年3月13日检验合格，注册代码为：42704502002006030001。

事故发生地为广西柳州物资储运贸易总公司红卫铁路专线货场。事发时，其客户亿康公司业务员到场提货，货物为32m钢板。因所提钢板压在其他18块钢板（每块约10.2m长、2.4m宽、32mm厚）下面，需翻离后才能取出。经货场当班调度郑某派工，持柳州市安监局特种作业操作证的覃某（起重司机）、申某、廖某（司索及指挥）接到调运单后，即操作场内一台10t桁架式电动葫芦门式起重机进行翻板吊运工作。3名作业人员前两次起吊两块钢板，第三次吊3块钢板，当第四次将3块钢板（总重18.628吨）吊起高度约lm、钢板两头离开地面约0.5m时，电动葫芦连同起吊的3块钢板滑到主梁中部，起重机随即发生剧烈颤动，接着一声巨响，该电动葫芦门式起重机的主梁从中部塌，3块钢板坠落地面，电动葫芦随主梁垮塌坠落后摔坏。

事故造成该起重机主梁从跨中处垮塌（见图1），跨中桁架结构约2m长的槽钢、工字钢严重扭曲，斜拉角钢撕断裂（见图2），电动葫芦随主梁垮塌坠落地面，壳体摔坏，左侧支腿被主梁拉向右倾斜（见图1），车轮脱轨，右支腿车轮也脱出行走轨道。

（二）事故原因分析

1.直接原因

（1）作业人员无证操作。《特种设备安全监察条例》（2003）第三十九条规定：起重机械作业人员应当按照国家有关规定经特种设备安全监督管理部门考核合格，取得国家统一格式的特种作业人员证书，方可从事相应的作业或者管理工作。起重机作业人员覃某（起重司机）、申某，廖某（司索及指挥）违反了本条规定，无证作业。

（2）事故起重机严重超载。事故发生时，该电动葫芦门式起重机一次性起吊三块钢板，总重18.628t，是其额定起重量的1.86倍，严重超载。同时，电动葫芦连同三块钢板滑向起重机跨中时产生的动载荷，加剧了主梁的负载。致使起重机桁架结构发生塑性变形，从跨中垮塌。

2.间接原因。事故单位特种设备安全管理混乱。现场指挥、司索人员在所吊钢板重量不明的情况下，未遵守起重机械安全操作规程，盲目指挥、挂钩，起重机司机也在不清楚所吊钢板的重量的情况下盲目起吊，违反了起重机械“十不吊”中“超载或重量不明不吊”的原则，导致了严重超载的发生。

（三）预防同类事故发生的措施

1.起重机械使用单位必须加大《特种设备安全监察条例》的宣传力度，严格执行法规要求，加强内部管理，提高特种设备管理人员，作业人员的安全意识和素质，杜绝无证上岗、违章操作情况的发生。

2.起重机械应及时安装超载保护装置。

案例五　2006年6月11日天津大港电动单梁起重机叶轮断裂事故

（一）事故概况

2006年6月11日18时15分，原天津市大港区太平镇郭庄子村天津市飞龙制管有限公司发生一起桥式起重机事故，造成1人死亡，直接经济损失30万元。事故起重机为电动单梁起重机，位于该公司打包组车间内。该起重机额定起重量5t，跨度16.5m，注册代码为40101201092003070002，定期检验有效日期至2006年4月21日。

事故发生时，该电动单梁起重机正在吊运2t管材，通电后电动葫芦一直起升，无法停止，车间工人马上拉闸断电。班长陈某派工人和维修人员去检查电机，电工计划查电路。班长陈某自行合闸后，拿着扳手上操作台。18时10分左右，在场工人和质检员听到“啪”的一声响，并有灰尘碎片掉落，随后发现班长陈某趴在修理平台上，头部被破碎的葫芦端盖碎片击中。陈某经送医院抢救无效死亡。事故起重机电动葫芦叶轮断裂。

（二）事故原因分析

1.直接原因

《起重机械安全规程》（GB6067-85）中第5.3.2.3条规定“起重机处于工作状态时，不应进行保养、维修及人工润滑”；第5.3.2.4条规定“维修时，应符合下述要求：a.将起重机移至不影响其他起重机的位置；对因条件限制，不能做到以上要求时，应有可靠的保护措施，或设置监护人员”。事故起重机在维修时，仍处于吊载工作状态，且维修人员在维修前未采取任何防止载荷掉落的防护措施，致使事故起重机叶轮断裂，端盖碎裂飞出。班长陈某违规操作是事故发生的直接原因。

2.间接原因

（1）作业人员无证作业。《特种设备安全监察条例》（2003）第十六条规定：起重机械的维修单位，应当有与特种设备维修相适应的专业技术人员和技术工人以及必要的检测手段，并经省、自治区、直辖市特种设备安全监督管理部门许可，方可从事相应的维修活动。第十七条规定：起重机械的安装，改造、维修，必须由依照本条例取得许可的单位进行。第三十九条规定：起重机械的作业人员及其相关管理人员（以下统称特种设备作业人员），应当按照国家有关规定经特种设备安全监督管理部门考核合格，取得国家统一格式的特种作业人员证书，方可从事相应的作业或者管理工作。

该单位未经特种设备安全监督管理部门许可，擅自从事起重机械的维修活动：班长陈某未经特种设备安全监督管理部门培训考核合格，取得国家统一格式的特种作业人员证书（维修人员资格证），擅自从事起重机械的维修作业。

（2）事故起重机未及时检验，超期运行。《特种设备安全监察条例》第二十八条规定：特种设备使用单位应当按照安全技术规范的定期检验要求，在安全检验合格有效期届满前1个月向特种设备检验检测机构提出定期检验要求。该台起重机定期检验有效日期至2006年4月21日，该单位未按规定要求向特种设备检验检测机构提出定期检验要求，超期运行。

（3）事故单位安全管理不到位。事故单位未严格按照《特种设备安全监察条例》和《起重机械安全规程》的要求对起重机械进行安全管理，致使班长陈某无证维修、带电操作。

（三）预防同类事故的措施

1.起重机的维修应由具备维修许可资质的单位和人员进行。

2.起重机维修过程中应按照《起重机械安全规程》的要求做好安全保护措施，严禁带电维修，违规操作。

3.起重机械的使用应符合《特种设备安全监察条例》中定期检验的相关要求，严禁超期运行。

4.使用单位应加强安全管理，严格执行相关法律法规和安全技术规范，确保起重机械安全运行。

案例六　2006年6月23日广东深圳电动单梁起重机减速器轴断裂事故

（一）事故概况

2006年6月23日9时30分，广东省深圳市南山石材物流园，深圳市沈鹏发石材有限公司发生一起电动单梁起重机事故，造成1人死亡。

事故起重机为LDA型电动单梁起重机，额定起重量5t，跨度19.72m，起升高度约6m。电动葫芦制造单位为河南省力源重型起重机有限公司，制造时间是2005年7月，产品编号为05070044。该起重机未经安装告知、安装监督检验、注册登记。

事故发生时，该电动单梁起重机正在进行起吊作业。当载荷垂直上升至离地面3m左右正准备水平移动时，公司一名员工韦某走到载荷下面，此时钢丝绳突然松脱，失控的载荷连同吊钩一起下落，砸中韦某头部并压住其身体，经抢救无效死亡。事故起重机电动葫芦的减速器空心轴完全断裂。

（二）事故原因分析

1.直接原因

电动葫芦减速器空心轴断裂，导致起升机构传动系统失效，起吊的重物失控下滑。经检验，断裂的空心轴材料选用和热处理效果均未达到行业通用要求。

2.间接原因

（1）安装单位未履行安装告知手续，将未经安装监督检验的起重机械交付使用；

（2）事故单位及其主要负责人未建立健全特种设备安全管理制度和岗位安全责任制度，未对员工进行特种设备安全教育和培训；事故单位使用未在规定期限内注册登记的特种设备；特种设备操作人员未取得特种设备作业人员证书，无证上岗。

（三）预防同类事故的措施

1.对标示制造单位为“河南省力源重型起重机有限公司”的电动葫芦增加必要的检验项目。

2.加强起重机械的安装管理，起重机械在安装前应及时到当地特种设备安全监督管理部门办理安装告知手续，并在安装完成后经自检及法定特种设备检验机构检验合格后方能投入使用，严禁使用未经法定检验机构检验合格及未经注册登记的起重机械。

3.使用单位要加强对员工的特种设备安全教育和培训，建立健全特种设备安全管理各项规章制度，杜绝无证上岗。

案例七　2006年6月28日贵州黔东南州水电站门座式起重机倒塌事故

（一）事故概况

2006年6月28日14时30分，贵州省黔东南州天柱县天柱水电站发生一起门座式起重机倒塌事故，造成5人死亡、1人轻伤，造成直接经济损失160万元。

事故起重机型号为MQ600B/30，工作级别A6，最大起重力矩600t/m，最大起重量30t，最大工作幅度50m。

事故发生时，该门座式起重机刚完成一罐2m^{3}砂浆的浇筑任务，在未调整工作幅度的情况下，起吊一罐6m^{3}的混凝土，当罐子升至距离地面8～9m时，起重机突然前倾，迅速向起重物方向倾翻（见图1），当场造成3人死亡、2人重伤、1人轻伤。重伤的2人因伤势过重，抢救无效死亡。事故共造成5人死亡、1人轻伤。

起重臂倒向吊重侧的起重机轨道中心线上，料斗也向前移动约10m后坠地。起重机倾翻后，起重机架4个行走机构的连接螺栓全部断裂或弯曲；12块配重全部散落在起重臂侧，司机室被严重破坏，司机室内的操纵机构全部摔坏，无法复原。

（二）事故原因分析

起重机超载，安全保护装置失效，导致门座式起重机作业过程中向起重物方向倾翻。

（三）预防同类事故发生的措施

1.生产、使用单位要认真贯彻《安全生产法》和《特种设备安全监察条例》等法律法规，加强企业安全生产管理体系，落实安全生产责任制，加强职工安全教育。严格遵守安全操作规程和规章制度，及时整改，消除隐患。

2.检验机构要认真按照安全技术规范实施检验，严把检验关，监理单位要认真履行监理安全责任。

案例八　2006年11月25日重庆高新技术开发区汽车起重机钢丝绳断裂事故

（一）事故概况

2006年11月25日16时30分，重庆市高新技术产业开发区天宫殿街道界石堡变电站发生一起汽车起重机事故，造成1人死亡。

事故设备是型号为长江QY25的汽车起重机，车牌号码为陕J04428，外廓尺寸为11370mm × 2490mm × 3450mm，注册登记时间1993年7月26日。事故设备产权单位为重庆市华阳起重机租赁有限公司租用此台设备用于界石堡变电站扩建施工。事故设备于发生事故前不久从延安开到重庆，车辆到达重庆时，该单位对车辆进行了自检，但未办理注册登记。

事故发生时，汽车起重机在吊运电线杆过程中起升钢丝绳断裂，电线杆砸向起重机操作室，驾驶员何某当场死亡，起重机操作室被砸坏。

（二）事故原因分析

1.直接原因

事故起重机未检测，未注册登记，未取得合格证；该起重机定滑轮组的保险装置已经脱落，防脱绳功能失效。在起吊过程中，钢丝绳从滑轮槽（保险栓脱落失效）脱出，被滑轮边缘剪断。汽车起重机的非法使用及设备本身存在的事故隐患，是导致事故发生的直接原因。

2.间接原因

（1）重庆市华阳起重机租赁有限责任公司在安全管理上存在严重问题，导致事故起重机未检验、未注册登记、未取得使用合格证就投入使用。公司领导未把安全工作纳入重要的内部管理，管理制度上不健全，不落实，员工的安全教育不到位。

（2）重庆建林电力工程有限公司安全意识淡薄，对起重机设备方重庆市华阳起重机租贸有限责任公司的资质、安全管理制度审查不严格，且对施工现场安全监管不力。

（三）预防同类事故发生的措施

1.加强对起重机械的使用管理，认真做好设备的检测检验、注册登记和设备使用证的年检工作。

2. 加强起重机械的日常维保工作，发现安全隐患应及时整改，确保安全作业。

3.使用起重机单位应落实安全管理制度，确保施工现场安全。

案例九　2007年6月27日重庆酉阳固定式缆索起重机钢丝绳断裂事故

（一）事故概况

2007年6月27日8时30分，重庆市酉阳土家族苗族自治县龚滩镇红花村，四川路桥桥梁工程有限责任公司，西龚公路复建工程B合同段项目经理部发生一起缆索起重机事故，造成1人死亡。

四川路桥桥梁工程有限责任公司于2006年11月在无安装许可证的情况下，非法安装了3台缆索起重机，并于2006年12月，在未经安全监督检验/未办理使用手续的情况下非法投入使用。事故起重机是固定式缆索起重机，型号为J75，额定起重量5t，卷筒容绳量200m；平均绳速18m/min，钢丝绳直径19.5mm，制造日期1999年9月，厂内编号为3号。

事故发生时，该3号缆索起重机在空载回拉吊篮的过程中，因起重钢丝绳在卷筒右半部堆积，最后超过挡板并推挤减速齿轮防护罩，逐渐形成了缝隙，导致钢丝绳卡入减速齿轮。当钢丝绳随齿轮转到啮合处时，被强大的啮合力咬断，断头飞弹向阿蓬江对岸，打中正在桥墩下施工的1名工人，致使该工人当场死亡。

（二）事故原因分析

1.直接原因

事故起重机无排绳器，长时间作业后卷筒基础右倾，卷筒排绳重心右倾，最终导致事故发生。

2.间接原因

（1）使用单位法治观念不强、安全意识淡薄，非法安装、使用起重机械；

（2）该单位安全管理混乱，安全操作规程和安全管理制度不健全，忽略了对卷筒排绳情况的日常检查；

（3）1名操作员违规操作3台起重机，且3台固定式缆索起重机的控制板统一设置在1号机组，操作员在作业位置无法观测到卷筒上钢丝绳的排绳情况。

（三）预防同类事故发生的措施

1.全面检查其余固定式缆索起重机，加固卷筒基础，加装排绳装置，合理设置操作台位置。

2.使用单位必须严格执行法规要求，使用合法、安全的起重机械，不得使用未经法定检验机构检验合格及未经注册登记的起重机械。

建立和健全起重机械安全操作规程并严格执行，加强起重机械的日常检查和维护保养。

案例十　2007年8月9日辽宁抚顺塔式起重机吊臂折断事故

（一）事故概况

2007年8月9日15时30分左右，辽宁抚顺市东洲区莫地棚户区改造工程8号楼施工现场，抚顺中煤建设集团有限责任公司发生一起塔式起重机事故，造成1人死亡。

事故起重机编号为3123-62004，型号为QTZ315，是台前县亚泰建设安装有限责任公司第五工程处（使用单位）租赁抚顺中天建设（集团）有限公司机械分公司的塔式起重机。

该塔式起重机在向8号楼运送物料时，起重臂从臂根部折断，起重臂前端砸在正在地面作业的女工张某头部，张某经抢救无效死亡。

（二）事故原因分析

1.直接原因

结合现场勘查及技术报告分析，该塔式起重机第一节与第二节起重臂连接处销轴和耳板之间的间隙为0.9～2.04mm，且耳板孔已塑性变形。由于销轴和耳孔之间间隙过大，在水平方向出现明显松旷。起重臂架耳板限制销轴转动的挡板被磨圆，造成销轴可以转动。开口销与耳板侧面孔边反复冲击、摩擦和挤压，使得开口销断面减小。

在施工中，塔式起重机应按规定，经检测机构检测合格后方可使用。但在事故起重机未经检测机构检测合格，安全技术措施、设备作业条件不能保证安全生产的情况下，施工单位违规使用，冒险作业，造成销轴脱落，起重臂从臂根部折断。

综上所述，塔式起重机第一节与第二节起重臂下主弦杆连接处销轴脱落和施工单位违规使用是造成这起事故的直接原因。

2.间接原因

（1）台前县亚泰建设安装有限责任公司第五工程处，为承租特种设备的使用单位，没有对其进行日常的维修保养，没有建立特种设备的安全操作、常规检查等使用和运行的管理制度。没有为塔吊办理检验合格证就违规使用，冒险作业，是造成这起事故的主要原因。

（2）抚顺中天建设（集团）有限公司机械分公司为施工企业提供租赁设备，对出租的设备没有经检测机构检测合格，发现施工单位违规使用也没有及时禁止，是造成这起事故的次要原因。

（3）抚顺建筑科学研究院监理公司安全监管不到位，在安全生产监管中，对施工单位和施工人员违规使用没有检测合格证的塔吊监管不到位，是造成这起事故的次要原因。

（4）台前县亚泰建设安装有限责任公司第五工程处和抚顺市中天建设（集团）有限公司机械分公司，安全生产管理制度不健全，职责不清，责任不明，安全生产管理混乱，是造成这起事故的次要原因。

（三）预防同类事故再次发生的措施

1.起重机械使用单位必须严格执行法规要求，使用合法、安全的起重机械，严禁非法使用未经法定检验机构检验合格的起重机械。

2.使用起重机单位必须合理制定设备安全操作、维修保养等方面的安全生产管理制度，并严格施行。杜绝人员无证上岗、严禁违章指挥、违章操作。

3.加强对安全生产工作的监管，认真开展隐患排查活动，对隐患进行认真整改，并制定相应的防范措施。